Cook50186

經典不敗百變吐司

30 道超人氣配方，6 種常見的製作方法、近萬字的吐司烘焙
Q&A，近 20 種整型手法及影音示範影片，輕鬆做出完美吐司

作者｜愛與恨老師（陳明忠）
文字整理｜邱嘉慧
攝影｜徐榕志
美術設計｜許維玲
編輯｜劉曉甄
企畫統籌｜李橘
總編｜莫少閒
出版者｜朱雀文化事業有限公司
地址｜台北市基隆路二段 13-1 號 3 樓
電話｜02-2345-3868
傳真｜02-2345-3828
劃撥帳號｜ 19234566 朱雀文化事業有限公司
E-mail｜ redbook@hibox.biz
網址｜ http://redbook.com.tw
總經銷｜大和書報圖書股份有限公司 （02）8990-2588
ISBN｜ 978-986-97710-0-9
初版二刷｜ 2019.05
定價｜ 380 元
出版登記｜北市業字第 1403 號

國家圖書館出版品預行編目

經典不敗百變吐司 : 30道超人氣配
方,6種常見的製作方法、近萬字的
吐司烘焙Q&A,近20種整型手法及影
音示範影片,輕鬆做出完美吐司
/ 陳明忠作. -- 初版. -- 臺北市：
朱雀文化, 2019.05
面； 公分. -- (Cook；50186)
ISBN 978-986-97710-0-9(平裝)
1.點心食譜 2.麵包

427.16   108006012

About 買書

●朱雀文化圖書在北中南各書店及誠品、金石堂、何嘉仁等連鎖書店均有販售，如欲購買本公司圖書，建議你直接詢
問書店店員。如果書店已售完，請撥本公司電話（02）2345-3868。

●● 至朱雀文化網站購書（http：//redbook.com.tw），可享 85 折起優惠。

●●●至郵局劃撥（戶名：朱雀文化事業有限公司，帳號 19234566），掛號寄書不加郵資，4 本以下無折扣，5 ～ 9
本 95 折，10 本以上 9 折優惠。

經 典 不 敗

百變吐司

30道超人氣配方，
6種常見的製作方法、
近萬字的吐司烘焙 Q＆A，
近20種整型手法及影音示範影片，
輕鬆做出完美吐司

暖男麵包師
愛與恨老師（陳明忠）／著

邱嘉慧／文字整理

朱雀文化

作者序

左手台式麵包、右手百變吐司
用麵團，為家添上幸福滋味

睽違兩年，終於出了第二本書。

感謝讀者們對《經典不敗台式麵包》的喜愛，自 2017 年出版至今，即將突破 2 萬冊，同時在 2017 年勇奪博客來網路書店「2017 年度暢銷書總榜」第 52 名、「2017 年度暢銷書飲食類排行榜」第 3 名；2018 年在沒有任何的宣傳下，仍舊在「2018 年度暢銷書飲食類排行榜」拿下了第 11 名的好成績。這一切的榮耀，都要歸功於喜愛我的讀者們，而替我做文字整理的邱嘉慧小姐，更是功不可沒。沒有讀者們的熱情支持、沒有嘉慧的字字珠璣，很難有這樣的成就。

透過《經典不敗台式麵包》一書，我了解到讀者們想要一本「簡單、易懂、好上手」的食譜書，因此，這樣的概念也延續到我的第二本《經典不敗百變吐司》。

《經典不敗百變吐司》一書雖然沒有真的 100 種，但卻是最好吃、最適合全家大小、最吃不膩、最想做的配方。在這本書中，不養酵母，也不追求高檔材料，讀者可以自家擁有的食材為料為餡，輕鬆做出美味吐司。另外，我也了解並不是所有讀者家中都擁有攪拌機，因此書中也特別規劃了用手揉、陽春型攪拌機、麵包機及專業攪拌機等方式，來製作麵團。

吐司之所以迷人，正是透過不同製作方式呈現出不一樣的風味。因此，我特別在書中完整教授 6 種常見的吐司製作方法，有省時省力的「直接法」；講究美味的「老麵法」、「中種法」；願意花時間追求更綿密口感的「隔夜中種」、「液種法」、「湯種法」等，不論讀者有沒有時間，都能做出美味的吐司。除了食譜之外，書中最引人入勝的，莫過於由邱嘉慧為讀者整理出近萬字的吐司烘焙 Q&A，可以徹底解決製作吐司時的盲點，晉升成為吐司高手。

這本書能如期出刊，一定要感謝邱嘉慧，她在忙碌的工作之餘，犧牲了個人的休息時間，僅用一台小手機為我整理出近 6 萬字的《經典不敗百變吐司》，沒有她，絕對沒有這本書的誕生。謝謝我的出版社「朱雀文化」，總包容我的任性與堅持，給我無限的空間成就這本書。最後，這本書或許不是最好、最完美的一本吐司書，卻是用一顆想做給最愛的家人們吃的心，做出的一本《經典不敗百變吐司》。

暖男麵包師

愛與恨（陳明忠）

作者序
我的斜槓人生
和大家一起樂在烘焙

英國組織管理大師查爾斯·韓第（Charles Handy）所主張的「組合式人生」（portfolio life）。他曾說：「一個均衡有意義的人生，是由不同比例的工作所組合出來的。」

很高興能再度和愛與恨老師合作推出第二本食譜《經典不敗百變吐司》，也感謝大家對《經典不敗台式麵包》的支持與愛護，這段時間除了持續銷售，也一直看到許多朋友跟著食譜，創造出屬於自己家庭口味的台式麵包。回到學習烘焙的初衷，大家都是為了家人的健康，走入手作烘焙的領域，並從中找到成就感與紓解壓力的幸福感。

身為愛與恨老師的經紀人與文字小編，了解到學生們熱切希望學習基礎吐司製作的心情，簡單樸實的外型，努力扎實的基本工法，奠定烘焙基礎。我們希望結合彼此的經驗，編寫一本最適合初學者入門的吐司食譜書。從《經典不敗台式麵包》讀者給我們的回饋中尋找靈感，加上烘焙社團上萬社員的提問，深深了解新手入門的徬徨與焦慮。這本書中沒有太深奧的理論，沒有難以取得的材料，甚至也沒有複雜的模型變化，那這本食譜裡寫些什麼呢？

藉由愛與恨老師的食譜配方與手作示範，提供 30 款家常百變吐司教學，文字小編整理常見問題，在新手上路之前，先為大家注射預防針，做一場行前教育。除了專業的設備，我們也蒐集坊間販售的各式攪拌機，為大家提供示範與講解，解除大家對於入門製作吐司的疑慮。

開頭破題寫到「我的斜槓人生」，擁有多重身分的我，身兼傳統市場魚販、網路商城負責人、烘焙社團社長、食譜作家、愛與恨老師經紀人，以及公益活動召集人。我和你／妳一樣，熱愛烘焙，生活忙碌，為家庭和事業蠟燭多頭燒。我也同樣希望，在有限的時間與設備限制下，可以為家人準備健康的美食，並兼顧我的個人興趣，開心愉悅過日子。

所以在我們的第二本食譜中，詳細地先為您把可能發生的問題記錄下來，聰明的讀者可先看書再動工，提高成功的機率；忙碌的讀者可以直接照食譜製作，有問題時，再回頭找答案。若是還有沒記錄到的問題，我們的粉絲專頁與社團也很樂意為大家提供全方位服務。

再次感謝大家對我們的支持，期盼您使用本書之後，把優點告訴大家，把缺點告訴我們，讓我們一起進步！！

管的幸福烘焙聯合國
社長兼管理員　邱嘉慧

CONTENT
目錄

Part 1 TOAST 做出百變吐司的 20 堂必修課

Part 2 TOAST 直接法 & 老麵法吐司

編按：目錄中標示 ⊙ 者，表示有示範影片。

書中影片這樣看！

方法一 有Line就可掃

開啟LINE APP → 好友 → → 行動條碼 → 對準書中條碼 → 連結開啟播放

方法二 下載APP也很簡單

連結上網後
開啟手機或平板
應用程式下載功能
搜尋 QR Code
下載安裝 APP
免費下載
點選開啟 QR Code APP
對準書中條碼
連結開啟播放

TOAST
Part 1 做出
百變吐司的
20堂必修課

從工具到食材，從攪拌機到手揉，
從種法製作到麵團，甚至是製作上
的疑難雜症，把每一堂課都學好，
拿到吐司必修課的漂亮成績單！

了解吐司

在台灣，食用普及率最高的麵包，莫過於白吐司。

不論是早餐店對切三明治、早午餐的豪華總匯、網紅咖啡店蜜糖吐司、泡沫紅茶店的烤厚片吐司、宅配流行的單片抹醬吐司、台南夜市棺材板、中秋烤肉的好夥伴、香甜可口的奶油酥條、最受歡迎的黃金香蒜麵包，甚至是凱撒沙拉上面迷人的吐司小碎丁、炸豬排外面的麵包粉裹衣……，都是由「吐司」所製作而成。從正餐到點心，它都扮演著重要的角色。

相傳，吐司由英國人發明，當時這種長方體的麵包稱為「English bread」，不叫「Toast」。

十七世紀的航海時代，殖民帝國英國為了到海外殖民，都必須為航海艦隊帶足糧食。為了妥善利用船上有限的儲存空間，便將麵團放入方形烤模中烘烤，烤出方便堆疊的長方體麵包。

由於英國的環境非常潮濕，所以英國人吃這種麵包的習慣是切片回烤，再簡單地塗抹奶油或果醬。

Toast 本來是動詞，尤其是指「將麵包烤熱」的動作（比如 toaster 就是指彈跳型的烤麵包機），後來演變為名詞。

深受英國文化影響的日本，對吐司的研究更為透徹，甚至有單賣一種白吐司的專賣店，或是提供自選烤麵包機服務的吐司／咖啡店。

台灣的吐司文化和台式麵包一樣是起源於日治時代以後，從此展開多采多姿的飲食變化，在我們的生活中扮演不可或缺的角色。

老師在本書中會利用淺顯易懂的說明，與大家分享製作吐司的祕訣，材料容易取得，也不需要添購大量模型，並提供適合家庭小量製作的配方。讓我們一起來認識這個看似平凡無奇，其實充滿學問與樂趣的吐司麵包吧！

Lesson 02 做吐司需要的工具

・烤箱・

建議使用 32 公升以上的烤箱，備有上下火功能為佳，不一定要有旋風或是發酵功能。若是使用美式烤箱，無上下火分別，建議可以均溫 180℃ 做溫度測試（帶蓋吐司需要 200℃），吐司上色後，可以蓋上鋁箔紙，避免顏色過深。本書做法有建議關上火，如果讀者的烤箱溫度不穩定，也可以一溫到底。

由於吐司模加上麵團膨脹的高度，老師建議讀者將吐司放在下層烘烤。避免過度接近上排加熱管，造成吐司晒傷。

家用烤箱常有溫度不均的問題，四角或是門邊的溫度較低，所以烤到一半，建議整盤對調位子，調整烤色。

如果依照本書溫度操作，烤色過深或是過淺，大家可以直接調整成適合自己的溫度，或是購買烤箱內溫度計，實際測試溫度，了解它的個性，讓烤箱成為你的神隊友！

・攪拌機・

攪拌機的選用，一定要搭配烤箱與冰箱，因為大量的麵團需要分切、冷藏、發酵、烘烤，如果使用小烤箱，有時趕不上烘烤速度，冰箱空間不足，也無法暫時冷藏備用麵團，就會顯得忙碌不堪，產品的品質也會有落差，建議讀者依照個人需求與家庭空間配置，謹慎選擇！

一般來說，可以用來打麵團的有麵包機、桌上型攪拌機及地上型攪拌機。

A. 麵包機

市售多款麵包機，除了一鍵到底的功能，讀者也可以妥善運用單獨的功能設定，例如：攪拌、發酵、烘烤，還可以自製優格、肉鬆、麻糬、打芋泥，創作出真正屬於自己的無添加麵包。

優點：體積小／多功能／可定時製作吐司
缺點：容量小，拌打的麵團有限

麵包機打麵團，麵團容易發熱，需要靠外在的力量降溫。例如：小型冰寶塞在內鍋和機器間的縫隙，達到冷卻的效果。或是利用水合法，隔夜中種法，讓麵團自我分解，並且降低整體的溫度，控制終溫。

B. 桌上型攪拌機

配備球形、槳形、勾形攪拌器，可以打蛋白、麵糊、麵團，多功能料理機還可以外接多款特殊配備，例如壓麵機、絞肉機、灌香腸……，由於色彩豐富，功能多樣，因此深受消費者青睞。分為抬頭式與升降式，讀者可依個人使用習慣挑選。

容量從 5 公升到 12 公升都歸類為桌上型攪拌機，可製作 1～4 條吐司，請依照說明書指示操作，以機器能操作的最大麵團分量來評估是否符合個人需求。

優點：

外型美觀，可以搭配室內裝潢風格選用。

馬力較強，打麵團的時間比麵包機快速。

功能多樣，可一機多用。

缺點：

體積稍大，需專屬位子。

一般不建議開高速打麵團，機器會搖晃或是亂跑，可以加裝止滑墊，保護機器。

不適合水分太少的麵團，例如饅頭，容易使馬達過熱，請讀者少量操作，善待機器。

另外，有一種單純打麵團的陽春型攪拌機（3C 家電店家販售的攪拌器俗稱「小紅」、「小黑」），無法打蛋白，功能單純，可以製作約 2 條吐司的分量，雖然容易發熱，但只要搭配水合法，將所有材料冷藏冷凍處理，一樣可以有很好的效果，價格親民，適合剛入門的新手使用。

C. 地上型攪拌機

配備大小缸、六配件，可以操作 2～12 條吐司的麵團量。

優點：

馬力大，可以依照上課所學拌打麵團。

處理麵團的分量大，產能可以增加。

缺點：

體積大，落地型攪拌機需要專屬位子，其重量也不易移動，若是家有幼兒，務必注意安全，因為它的高度與兒童相仿，要小心！鋼盆重，瘦小嬌弱的媽媽小心腰部安全，鋼盆＋麵糊的重量很可觀！

・量匙・

常見規格有：

1 大匙（15 毫升）、

1 小匙（5 毫升）、

1/2 小匙（2.5 毫升）、

1/4 小匙（1.25 毫升）

可量取少量的粉類、液體材料。

液體和粉類用一樣的量匙，所秤量出來的重量是不一樣的，建議依照食譜操作，或是以電子秤實際秤量為準。

・電子溫度計・

非必備，但是用來測量麵團溫度，或是做燙麵麵糊、糖果都很實用，不佔空間，建議添購。

・鋼盆（調理盆）・

攪拌材料或發酵麵團使用，有大小不同尺寸之分，可配合用途選擇適合大小，也可以購買強化玻璃容器，只要夠深且寬（無死角）的耐用容器都適用。

・量杯・

具有易辨識的刻度，可用來量測液體，例如水、牛奶等液態材料。基本的量杯約為 240CC。建議使用塑膠或是玻璃材質，比較容易準確測量。

・烘焙紙／矽膠烤焙墊・

用於隔絕食材與烤盤直接接觸，有防沾功能。包含白色半透明狀不沾烤焙紙、可重複清洗使用的烤焙布，或矽膠材質，可直接入爐烘烤的烤焙墊等。

・小型噴霧器・

美妝店可購買到的小型噴霧器，噴水、噴油都方便

・五斤以上大塑膠袋・

麵團發酵時，可以割開使用，遮蓋麵團，避免風乾。塗上少許沙拉油，發酵過程中不會沾黏，避免拉扯發酵完成的麵團。

麵團冷藏發酵時，可以將麵團裝入塗油的塑膠袋內綁緊，冷藏備用。

・大型帶蓋塑膠盒／保麗龍箱・

家用發酵時的好幫手，可至大型家用五金材料行選購，帶蓋可避免發酵時麵團吹到風，保護麵團成功發酵。尺寸以整個烤盤可放入為基準。

保麗龍箱適用於後發，內置保溫杯裝熱水，可以提升溫度與濕度，幫助麵團成功發酵。平日不使用時，可以收納材料，是做麵包的好幫手。

・電子磅秤（必備）・

秤量各式材料，建議使用以 1 克為單位標示的電子秤，好操作，容易判讀。另外有可以允許 6 公斤以上使用的電子秤，可以將鋼盆扣重，直接秤量，也非常方便。

・橡皮刮刀・

建議選用彈性高，耐高溫材質，可用來拌合材料，或是刮淨附著於容器內壁的麵糊。

・打蛋器・

攪拌打發和混合麵糊材料使用，可以準備大小不同尺寸的打蛋器。製作麵包，以手持打蛋器拌合餡料，綽綽有餘。但是如果還有做甜點的習慣，建議再購入手持的小型電動打蛋器，更省力。

手持電動打蛋器常配備兩支螺旋攪拌勾，外盒寫上「攪拌麵團適用」，建議讀者不要使用。這兩支攪拌勾可以拿來攪拌肉餡，但是不適合打麵團，容易造成機器馬達過熱，提早報銷，請不要誤用。

・擀麵棍・

市售材質很多，有木製、塑膠製，各種長度及粗細大小不同，主要用於麵團的擀壓、擀平，整型麵團時將氣體排出等操作時使用，並使麵團厚度均勻好操作。

小祕訣：許多讀者會擔心木製擀麵棍潮濕發霉的問題，可以將擀麵棍塗上沙拉油（液體油），用塑膠袋包好，放冰箱保存。下次使用，擀壓麵團時不沾黏，好操作，不需要每次都水洗晾乾。

・刮板／切麵刀・

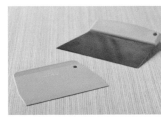

用於材料切拌、混合麵團、切割整型等用途。帶圓弧部分，可用在將麵粉等材料混拌成團，或刮取附著容器內側的麵糊與麵團；直面部分，可作為切麵刀，用來切割麵團。建議軟硬材質的刮板都準備，比較好操作。

· 割紋刀／鋒利的小刀／小剪刀／鋸齒刀 ·

用於麵團表面的切割花紋。薄且銳利的刀片，可以割劃出漂亮的痕跡紋路。銳利、順手好用即可。家用菜刀磨利，也是信手拈來的好工具。

· 大小網篩 ·

可過篩結塊粉類，篩出雜質異物，使粉類均勻更容易吸收水分。網目細緻的粉篩，可以用於烘烤前撒粉做造型使用。

· 計時器 ·

建議準備兩個以上的計時器，方便發酵與烘焙時間的掌控。

如果同時操作多個麵團，請將計時器放在麵團旁邊，不然很容易忘記自己到底是為哪一個麵團計時喔！

設定好，開關記得按下去，否則根本沒有啟動，麵團過發也不會發現，這是依賴計時器的朋友常發生的問題。

· 調餡匙 ·

方便塗抹內餡。

· 軟毛刷／矽膠刷子 ·

在麵團表面塗刷蛋汁或其他塗料時使用。清洗後一定要風乾，避免發霉。毛刷也可以用袋子裝好，放冰箱保存。坊間有推出矽膠塗刷，但是刷蛋汁時容易留下刷痕，建議兩種材質都購買備用。

· 置涼架 ·

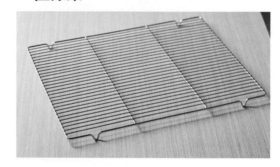

放置剛出爐的麵包，使其降溫使用，讓多餘的熱氣蒸散，不會積壓在底部，凝結成水氣。不佔空間，建議購買 2～4 組涼架備用。吐司置涼所需要的時間較長，置涼架很重要喔！

· 450 克（12 兩）不沾吐司模（有蓋）·

本書以 450 克不沾吐司模為唯一示範模型，讀者熟悉操作之後，可自行添購各種不同尺寸模型，變化造型。

Lesson 03 做吐司需要的材料

·麵粉·

分高／中／低筋三種，跟麵粉內含有的蛋白質比例高低做區分。一般來說，高筋用於麵包，中筋做包子、饅頭、麵條，低筋做糕點，但是不代表麵包只能用高筋。為了創造更柔軟的口感，很多食譜是高低筋併用。

有讀者會問，我家只有做饅頭的中筋麵粉，可以做吐司嗎？答案是可以的，建議先做甜吐司配方，比較不需要完美的筋度與薄膜，成功機率高。

擀麵時用的「手粉」一般指高筋麵粉，原因是較不易沾黏以及吸收空氣中的水氣結塊。適量使用即可。

高筋麵粉使用之前，原則上不需要像做蛋糕一樣過篩。它不像低筋麵粉容易吸濕結塊，但是若購買大包裝麵粉，為了避免分裝過程有雜物混入，讀者還是可以過篩一下。

越貴的麵粉，是不是越好？新手以價位中等，容易取得，成分無添加的高筋麵粉來練習即可，價錢的多寡，通常只是將運輸成本反應在價格上。標榜風味特殊的麵粉，吸水率有時與你慣用的麵粉不同，少量購買試作，必須自行調整。

雖然，在配方中，麵粉所佔的比例最高，但其風味多半來自配方、發酵方式以及額外的添加物，麵粉影響不大。

·酵母·

分三種，新鮮酵母（fresh yeast）、乾酵母（active dry yeast）、速發酵母（instant dry yeast）。

推薦新手使用速發酵母，原因是：

A. 有較長的保存期限，開封後放入密封盒冷藏可以保存數個月。

新鮮酵母冷藏保存僅約 2 ～ 3 週效期，建議整塊新鮮酵母打碎，放置於冷凍庫，不需退冰，可以直接使用，並延長使用期限。

B. 速發酵母不需事先泡水，而乾酵母須先泡溫水（約 30 度的室溫水）喚醒酵母。要注意的是，速發酵母在低溫時活力降低，確認加入時你的麵團高於 18℃，酵母才有足夠的活力。

酵母作用緩慢的情況，有時會發生在怕麵團攪打時過熱，使用冰水攪打麵團的新手身上。由此特性可知，若是麵團放於冷藏，便可以延緩麵團發酵。

新鮮酵母使用分量約為速發酵母的 3 倍，因此不同酵母量轉換公式為：
新鮮酵母：乾酵母：速發酵母＝ 3：2：1

·水·

　　麵粉中的蛋白質，在形成麵筋的過程中，需要與水結合，而麵粉中的澱粉，和水一起加熱，會開始吸水糊化、變軟，成為人體可以消化的狀態。其他功用還包括溶化鹽、活化酵母，都需要水分幫助。

　　水溫對麵團的溫度也有影響，台灣天氣炎熱，建議讀者可以使用冰水製作麵團，避免麵團在攪拌的過程中，太快升高溫度，使麵團組織粗糙。

·鹽·

　　除了帶來風味，鹽最主要的功用是強化麵團筋性，讓麵團彈性更好。可以抑制雜菌生成，有助於穩定發酵，增加延展性。

　　但它同時也有抑制酵母發酵的效果，因此建議製作麵團時，與酵母分開放置，避免影響發酵。

　　有讀者常刻意移除鹽分，建議新手朋友先照配方操作學習，了解產品原本應該呈現的樣貌，不要任意更動配方。

·糖·

　　提供酵母養分，幫助麵團發酵，並有保濕的效果。適量的糖也可以幫助麵團上色，增進梅納反應，還能增加麵團的延展性。
製作麵包時，最常使用的糖有：
砂糖、黑糖、蜂蜜、楓糖。

　　本書以顆粒細緻的白砂糖來示範操作。材料行現在可以添購到各式各樣的糖，例如：上白糖、三溫糖等。上白糖的特色是粉質細緻，入口回甘，保水性佳；三溫糖則多用於烹飪。至於代糖，因無法產生梅納反應，也不能提供酵母養分，因此本書不推薦使用。

·蛋·

　　使用於麵團中，可提升延展性，塗刷在完成的麵團表面，有助於麵包增加光澤度，幫助上色。蛋也可以增加成品的營養價值，卵磷脂有乳化效果，對麵團的柔軟與保濕有幫助。

・ 無鹽奶油 ・

　　無鹽奶油能促進麵團的延展性與柔軟度，使麵包柔軟有彈性。對發酵麵團有潤滑作用，並增加風味，也能幫助麵包的筋性更好。

　　製作吐司建議使用軟化奶油，它可以快速融入麵團，避免長時間拌打麵團，升溫過高。所謂軟化，是以手指按壓奶油，可順利插入的硬度拿來使用最剛好。

　　如果時間來不及，也可以切薄片或小塊，放置於金屬容器內，藉由金屬吸熱的原理，很快就可以軟化。

　　要提醒的是，軟化不是融化，所以不建議以微波爐或是電鍋加熱，我們希望它仍然保有固態的形式。

　　本書製作麵團的程序中，我們會將乾性材料（麵粉／糖／鹽／酵母／奶粉）與濕性材料（水／牛奶／蛋／優格／鮮奶油等液體）混合成團，當麵團擴展之後，加入軟化的「無鹽奶油」，再打至充分融合的擴展階段，完成基礎麵團。

　　如果讀者要將「無鹽奶油」改為橄欖油／玄米油等液體油脂，建議一開始就和乾性材料混合拌打，才能順利作業。否則成團之後再倒入液體油，整個麵團會漂浮在油裡面，打開攪拌機還會有大量的油脂濺出，不易操作，不可不慎。

　　早期的吐司配方，還有使用雪白油、乳瑪琳（人工奶油），本書全部以「無鹽奶油」操作。

・ 牛奶 & 動物性鮮奶油 ・

　　讓麵包更軟、細緻、表面烤色較深，同時也會增加營養價值。若以奶粉替代，約是重量的 10%。例：100 克牛奶約為 10 克奶粉 ＋ 90 克水。

　　動物性鮮奶油屬於油脂的範圍，增添奶香味，使麵團的組織柔軟。

・ 奶粉 ・

　　奶粉的選購，以成分越單純越好，不要選購配方複雜的功能型奶粉，例如高鐵奶粉、銀養奶粉，甚至水解蛋白奶粉，都不推薦使用。

・ 添加物的運用 ・

　　無法跟麵團融合在一起的大致上都稱為添加物，它們可以增添麵團的色彩、風味，以及外型的豐富程度。妥善利用，可以創作出屬於自己的吐司與麵包。

　　常見的添加物有：堅果類（核桃）、蜜餞果乾（桔皮丁、葡萄乾、蔓越莓、小藍莓）、高熔點起司塊、巧克力豆、豆類（紅豆、大紅豆）等較乾的材料、新鮮或乾燥的香草、香料、芝麻等。

Lesson 04 如何用麵包機攪打吐司麵團？

許多讀者家裡只有一台麵包機，因為麵包機攪拌的力道不強，攪打的過程容易過熱，建議要隨時觀看麵團狀況。老師特別設計一款適合麵包機的配方，以麵包機來攪打麵團，拿出麵團後，經過整型、發酵過程，再以烤箱烘烤。

材料 （12兩吐司 ×1條）

乾性材料

高筋麵粉	240 克
細砂糖	47 克
鹽	3 克
速發酵母	3 克

濕性材料

全蛋	1 顆
冰水	100 克
動物性鮮奶油	13 克

奶油

無鹽奶油	25 克

1
無鹽奶油置於室溫軟化備用。

2
將乾性材料分散四周放入麵包機桶中。

3
加入濕性材料。

4
麵包機桶放入麵包機中，依各家機器選取攪打功率，約打 8 ～ 15 分鐘。

5
待麵團呈現光滑，可取一塊麵團拉薄膜，若拉出的薄膜呈現出有鋸齒狀的孔洞，即完成「充分擴展階段」。

6  完成「充分擴展階段」後，加入奶油。

7 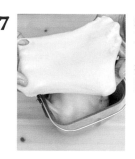 繼續攪打8～10分鐘，至成團不黏鍋，能拉出完美薄膜的「完全擴展階段」，完成麵團攪打過程。

愛與恨老師小叮嚀 ﹎

❶ 麵包機品牌非常多，以常見的 Panasonic 來解說。

P 牌建議選擇 14 行程（也就是「麵包麵團」行程），因為 14 行程有「基本發酵」的功能，所以建議要邊打邊觀察，只要一進入基本發酵，就重新再啟動 14 行程。

也有人以 30 行程（烏龍麵團）先攪打麵團 15 分鐘，達到「充分擴展階段」後，加入無鹽奶油再攪打 10 分鐘，幾乎都可以達成「完全擴展階段」。

❷ 使用麵包機打麵團時，因麵包機容易過熱，建議濕性材料中的液體使用「冰液體」，甚至加入部分「碎冰」，藉以降低攪打過程中因機器過熱讓麵團溫度過高，導致最後成品口感變差的機率。

如果採用「冰液體」、「碎冰」仍無法避免機器攪打過程升溫，還可以使用「保冷劑」（俗稱冰寶）放在麵包機桶旁，幫助機桶降溫。

❸ 除了使用上述的「冰液體」及塞「冰寶」外，「水合法麵團」的製作方式，非常適合麵包機。所謂「水合法」，是讓水分和麵粉有時間先自我分解，讓麵粉的蛋白質和水分結合形成筋膜。只要花 30 鐘的水合時間，就能產生薄膜，大大減少揉麵的時間，同時降低麵團終溫過高的問題。

水合法的做法：

1. 鹽、奶油及酵母以外的材料先攪拌成團。

2. 靜置於室溫（或冰箱冷藏）30 分鐘讓麵團自我分解。

3. 再加入鹽及酵母攪拌均勻。

4. 再放入軟化的無鹽奶油，約攪打 2 ～ 4 分鐘就能讓麵團打出薄膜。

如何用攪拌機
打吐司麵團？

攪拌機是製作麵包／吐司非常方便、又省力、省時的好朋友。市面上有多款攪拌機可供選擇，可以視讀者的預算選擇。購買前可以多上網查詢、比較，挑選最適合自己的攪拌機。

材料 （12 兩吐司 ×2 條）

乾性材料

高筋麵粉	480 克
細砂糖	95 克
鹽	5 克
速發酵母	5 克

濕性材料

全蛋	2 顆
冰水	190 克
動物性鮮奶油	25 克

奶油

無鹽奶油	50 克

1  將乾性材料全部放入攪拌缸中。

2  再將濕性材料放入。

3  用勾形攪拌棒先以低速將材料混合，再轉中速攪打到光滑，可以拉出有鋸齒狀的薄膜，此時為「充分擴展階段」。過程中可適時停機刮鋼盆，待鋼盆光亮、乾淨不沾黏，即可停機試拉薄膜。

4 完成「充分擴展階段」，即可加入軟化的無鹽奶油。

5  先用低速將軟化了的無鹽奶油攪入麵團中，再轉中速攪打到光滑，可以拉出均勻的薄膜，此時為「完全擴展階段」，完成麵團攪打過程。

如何用小黑攪打吐司麵團？

3C 家電店家販售的攪拌器俗稱「小紅」，現已進化到「小黑」，是許多麵包／吐司新手初入烘焙世界的第一台攪拌機。它揉麵團的功能較麵包機略好，雖然攪打力道仍不能和正統攪拌機相比，但只要懂得訣竅，仍然可以做出好麵包、好吐司。

材料 （12 兩吐司 ×1 條）

乾性材料

高筋麵粉	240 克
細砂糖	47 克
鹽	3 克
速發酵母	3 克

濕性材料

全蛋	1 顆
冰水	100 克
動物性鮮奶油	13 克

奶油

無鹽奶油	25 克

愛與恨老師小叮嚀

麵包機攪打麵團會產生的問題，「小紅」、「小黑」也都會有，尤其攪打過程一旦機器馬達過熱就會停機，要等 30 分鐘才會恢復，因此使用「冰液體」、「水合法（P.17）」、「隔夜中種（P.22）」等方式，較適合這類陽春型攪拌機。

1

將乾性材料分散四周放入攪拌缸中。

2

加入濕性材料，直接攪打約 40 分鐘。

3

攪打過程中，要看麵團狀況，不時將麵團集中在攪拌缸中間，方便攪打。

4

待麵團呈現光滑，可取一塊麵團拉薄膜，若拉出的薄膜呈現出有鋸齒狀的孔洞，即完成「充分擴展階段」。

5

完成「充分擴展階段」後，加入奶油。繼續攪打約 30 分鐘，至成團不黏鍋，能拉出完美薄膜的「完全擴展階段」，完成麵團攪打過程。

如何用手揉
吐司麵團？

如果剛踏入麵包／吐司世界，不知道自己對烘焙的熱情能持續多久，又想動手做麵包／吐司，這時萬能的雙手是你的好朋友。手揉雖然麻煩了些，但一樣能做出好吃的麵包／吐司。

🍞 材料 （12兩吐司 ×1條）

乾性材料

高筋麵粉 ························ 240 克
細砂糖 ··························· 47 克
鹽 ································· 3 克
速發酵母 ·························· 3 克

濕性材料

全蛋 ····························· 1 顆
冰水 ····························· 100 克
動物性鮮奶油 ····················· 13 克

奶油

無鹽奶油 ························· 25 克

1

將高筋麵粉放在桌面，以刮板做出一個凹洞。先將細砂糖、鹽、速發酵母放入洞中，再將濕性材料放入。

2 用手將所有材料和在一起，此時麵團非常黏手是正常的，無需驚慌。

3 用洗衣服的方式搓揉麵團，逐步將麵團搓至光滑。

4 待麵團呈現光滑，可取一塊麵團拉薄膜，若拉出的薄膜呈現出有鋸齒狀的孔洞，即完成「充分擴展階段」。

5 完成「充分擴展階段」後，加入奶油，直至呈現光滑不黏手，能拉出完美薄膜的「完全擴展階段」，完成麵團手揉過程。

愛與恨老師小叮嚀

❶ 手揉過程因為每個人的手勁不同，無法確切告知需要多久的時間，「充分擴展階段」及「完全擴展階段」判斷標準是手光、麵團光滑，及拉出薄膜的狀況。

❷ 手揉非常吃力，利用「水合法（P.17）」製作，也可以省不少力氣。

Lesson 08

動手做老麵

材料 （約 170 克）

高筋麵粉······························· 100 克
糖······································· 1 克
鹽······································· 1 克
速發酵母································· 1 克
水······································ 65 克

1

將所有乾性材料放入攪拌缸中，加入濕性材料（水）。

2
將所有乾性材料放入攪拌缸中，加入濕性材料（水）。攪打至延展性良好的麵團。蓋上保鮮膜室溫發酵（夏天30 分鐘、 冬天 1 小時）。

3

再放入冷藏約 18 ～ 24 小時，隔天即可使用。

Lesson 09

動手做中種

示範影片

材料 （約 530 克）

高筋麵粉······························· 336 克
速發酵母································· 5 克
水···································· 168 克
牛奶··································· 35 克

1

將所有乾性材料放入攪拌缸中，加入濕性材料（水及牛奶）。

2

攪打約 4 ～ 5 分鐘成均勻的麵團，取出麵團置於鋼盆裡，蓋上保鮮膜室溫發酵至兩倍大（至少90 分鐘）。

3

發酵完成的中種麵團。

動手做隔夜中種

🍞 材料 （約 530 克）

黑糖配方

高筋麵粉	330 克
酵母	2 克
水	200 克

蜂蜜配方

高筋麵粉	330 克
速發酵母	2 克
水	215 克

3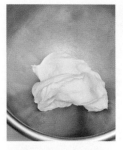

攪打約 4 ～ 5 分鐘成均勻的麵團。

4

取出麵團置於鋼盆裡。蓋上保鮮膜，夏天直接放入冷藏 12 小時隔天備用；冬天放置室溫 30 分鐘再放入冷藏 12 小時隔天備用。

1

將所有乾性材料放入攪拌缸中。

5

發酵完成的隔夜中種。

2

加入濕性材料（水）。

6

充滿氣孔的隔夜中種。

Lesson 11

動手做液種

🍞 **材料**（約 200 克）

高筋麵粉 ···························· 100 克
水 ·································· 100 克
速發酵母 ·························· 1 克

1 將所有乾性材料放入攪拌缸中，加入濕性材料（水）。

2 攪打成均勻麵團，取出置於鋼盆，蓋上保鮮膜，夏天常溫放置30 分鐘，放入冷藏12～16 小時後即可使用；冬天常溫放置 60分鐘，放入冷藏 12～16 小時後即可使用。

3 完成的液種。

Lesson 12

動手做湯種

🍞 **材料**（約 50 克）

高筋麵粉 ···························· 25 克
細砂糖 ····························· 2 克
沸水 ······························ 25 克

1 將高筋麵粉、糖放入鋼盆中拌勻，將沸水倒入。
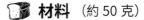

2 用調餡匙或打蛋器攪拌均勻成團。

3 蓋上保鮮膜，並且在保鮮膜上刺破幾個小洞透氣，待麵團涼透再，換上新的保鮮膜密封，放置冰箱冷藏，隔夜 12 小時後即可使用。

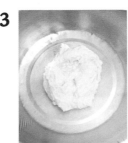

做出好吐司！
直接法麵團這樣打

直接法麵團是吐司新手接觸吐司最簡單、方便的製作方式。它只要將所有材料（乾性，濕性）依序倒入，攪拌至麵團光滑有彈性後，再進行發酵過程，是一般常見的製作方式。

直接法的程序簡單易懂，麵團的發酵時間短於中種法，適合初學者以及忙碌的一般家庭製作，它也適合活用素材變化口味。

優點	1. 發酵時間較短
	2. 直接呈現材料風味
	3. 減少發酵耗損
	4. 容易控制口感和麵團的膨脹體積

缺點	1. 麵團烤焙彈性較弱
	2. 組織老化速度較快

🍞 參考配方

1
無鹽奶油置於室溫軟化備用。

2
將乾性材料全部放入攪拌缸中。

3
再將濕性材料放入。

4
用勾形攪拌棒先以低速將材料混合，再轉中速攪打到光滑，可以拉出有鋸齒狀的薄膜，此時為「充分擴展階段」。

············· **Tips** ·············

過程中可適時停機刮鋼盆，待鋼盆光亮、乾淨不沾黏，即可停機試拉薄膜。

7

取出麵團置於鋼盆，蓋上保鮮膜，進行 60 分鐘基本發酵。

5

完成「充分擴展階段」，即可加入軟化的無鹽奶油。

發酵後　　　　發酵前

············· **Tips** ·············

基本發酵前／發酵後比較。

6

先用低速將無鹽奶油攪入麵團中，再轉中速攪打到光滑，可以拉出均勻的薄膜，此時為「完全擴展階段」。

8

確認發酵是否完成，最簡單的方式是以手指沾上些許麵粉，戳入麵團中央，若洞口凹入不回彈，就是基本發酵完成。

愛與恨老師小叮嚀

❶ 一般的麵包或吐司配方，都不建議將水分全下，理由是不同品牌麵粉吸水率有差別，若將水分全下，容易造成麵團糊爛，新手一見到這種狀況，都會心急地「加粉」補救，導致配方比例失衡，造成作品失敗。

建議配方中的水量先預留半杯米杯，在麵團攪打過程中，邊打邊加，避免失敗。

愛與恨老師很清楚新手對於水量加入多寡的「障礙」，雖然本書中所有吐司配方中的水分，都特別設計過，可以全部加入，但仍建議者養成好習慣，慢慢將水量加入材料中。

❷ 「完全擴展階段」的薄膜較「充分擴展階段」的薄膜更為均勻透光，若戳破它時，裂口光滑，不會有鋸齒狀，也就是大家常說的「絲襪薄膜／手套薄膜」；同時這時麵團的彈性極佳，取一小份麵團，兩手均勻施力拉長，若是能拉出與肩同寬又不斷的彈性，就是打得非常棒的麵團。

做出好吐司！
老麵法麵團這樣打

老麵，是指過度發酵的麵種（發酵超過 8 小時，也就是隔夜酸種），少量添加在麵包配方中，可以增加成品的彈性與風味。

優點	製作簡單，可以在每次製作麵包時留下少許麵團，下次使用時即為「老麵」，分割成 10 ～ 30 公克小麵團，放置冰箱冷凍，方便取用。
缺點	室溫放置容易有雜菌衍生的問題，建議可改放冰箱儲存。

參考配方

P.69 ……………………… 熱情紅龍果吐司
P.72 ……………………… 浪漫紫薯吐司
P.76 ……………………… 金色麥穗南瓜吐司
P.80 ……………………… 陽光紅蘿蔔吐司
P.84 ……………………… 黃金地瓜吐司

愛與恨老師小叮嚀

老麵屬於過度發酵的麵種，使用分量適可而止，過度使用會產生酸味，添加比例約為主麵團的 10 ～ 30% 即可。

1

將主麵團乾性材料及老麵放入攪拌缸中，再將冰水加入。

2

用勾形攪拌棒先以低速將材料混合，再轉中速攪打到光滑，可以拉出有鋸齒狀的薄膜，此時為「充分擴展階段」。

………… **Tips** …………

過程中可適時停機刮鋼盆，待鋼盆光亮、乾淨不沾黏，即可停機試拉薄膜。

3

完成「充分擴展階段」，即可加入軟化的無鹽奶油。

4 先用低速將無鹽奶油攪入麵團中，再轉中速攪打到光滑，可以拉出均勻的薄膜，此時為「完全擴展階段」。

5 取出麵團置於鋼盆，蓋上保鮮膜，進行 50 分鐘基本發酵。確認是否發酵完成，可以手指沾上些許麵粉，戳入麵團中央，若洞口凹入不回彈，就是基本發酵完成。

Lesson 15
做出好吐司！
中種法麵團這樣打

示範影片

使用二次攪拌的製作方式。第一次攪拌時，可取用配方中 30 ～ 100% 麵粉，搭配粉量 60 ～ 80% 液體材料，加入適量酵母先拌成團。

第二次攪拌時，中種麵團與配方中剩餘材料攪拌至充分擴展，成為主麵團再進行發酵。

優點	1. 中種麵團可以縮短主麵團的發酵時間，幫助省時。 2. 豐富乳酸菌可延緩麵團老化。 3. 中種法麵團因為經過二次攪拌，讓麵團的延展性更好，並產生酸味與多層次風味。 4. 麵團的膨脹力優於直接法麵團，成品體積較為飽滿。 5. 組織柔軟細緻，口感佳。
缺點	1. 麵團製作分段，需要較長的製程時間。 2. 需要放置中種麵團的冷藏設備與空間。

🍞 **參考配方**

1  所有中種麵團撕開放入攪拌缸中,加入主麵團乾性材料。

5 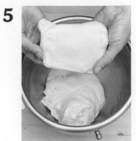 先用低速將無鹽奶油攪入麵團中,再轉中速攪打到光滑,可以拉出均勻的薄膜,此時為「完全擴展階段」。

2  再將主麵團中的濕性材料加入。

6  取出麵團置於鋼盆,蓋上保鮮膜,進行30分鐘基本發酵。

3  用勾形攪拌棒先以低速將材料混合,再轉中速攪打到光滑,可以拉出有鋸齒狀的薄膜,此時為「充分擴展階段」。

7  確認發酵是否完成,最簡單的方式是以手指沾上些許麵粉,戳入麵團中央,若洞口凹入不回彈,就是基本發酵完成。

·········· **Tips** ··········

過程中可適時停機刮鋼盆,待鋼盆光亮、乾淨不沾黏,即可停機試拉薄膜。

4  完成「充分擴展階段」,即可加入軟化的無鹽奶油。

▲
蕃茄起司吐司

Lesson 16

做出好吐司！
隔夜中種法麵團這樣打

將中種麵團放置於室溫 25℃約 1 小時，再置於冰箱冷藏（6～8℃）12～16 小時，隔天即可使用。記得將麵團使用保鮮膜封好，或是用保鮮盒、塑膠袋等材料裝置妥當，避免麵團風乾，或是吸收冰箱雜味。

優點	冷藏的中種麵團可以幫助主麵團降溫，對於使用麵包機以及小型攪拌機的朋友可以提供控制終溫的幫助。
缺點	1. 需要較多的冷藏空間。 2. 製程時間分段，需時較長。

參考配方

1

將主麵團乾性材料及隔夜中種麵團放入攪拌缸中，再將主麵團中的濕性材料加入。

2

用勾形攪拌棒先以先用低速將材料混合，再轉中速攪打到光滑，可以拉出有鋸齒狀的薄膜，此時為「充分擴展階段」。

········· **Tips** ·········

過程中可適時停機刮鋼盆，待鋼盆光亮、乾淨不沾黏，即可停機試拉薄膜。

3

完成「充分擴展階段」，即可加入軟化的無鹽奶油。

5  先用低速將無鹽奶油攪入麵團中，再轉中速攪打到光滑，可以拉出均勻的薄膜，此時為「完全擴展階段」。

6  取出麵團置於鋼盆，蓋上保鮮膜，進行 40 分鐘基本發酵。確認是否發酵完成，可以手指沾上些許麵粉，戳入麵團中央，若洞口凹入不回彈，就是基本發酵完成。

Lesson 17
做出好吐司！
液種法麵團這樣打

示範影片

又稱為波蘭法，或是 5℃冰種法，意指「冷藏液種」。使用等量的麵粉與水，並加入酵母混合成糊狀麵團。低溫長時間發酵後做成酵種，隔日再與材料攪拌均勻的製作方法。

水分偏多，含有無數氣泡與小氣室的黏糊型態，因此稱為「液種法」。

參考配方

優點	1. 製作方式較中種法簡單。 2. 麵包保濕效果好，延緩老化。 3. 長時間發酵可產生濃厚發酵香氣。
缺點	製程時間分段，需時較長。

1

主麵團材料中的無鹽奶油置於室溫軟化備用。

2

將主麵團乾性材料及液種麵團放入攪拌缸中。

3

再將主麵團中的濕性材料加入。

4

用勾形攪拌棒先以低速將材料混合，再轉中速攪打到光滑，可以拉出有鋸齒狀的薄膜，此時為「充分擴展階段」。

.... **Tips** ....

過程中可適時停機刮鋼盆，待鋼盆光亮、乾淨不沾黏，即可停機試拉薄膜。

5

完成「充分擴展階段」，即可加入軟化的無鹽奶油。

6

先用低速將無鹽奶油攪入麵團中，再轉中速攪打到光滑，可以拉出均勻的薄膜，此時為「完全擴展階段」。

7

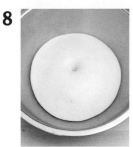

取出麵團置於鋼盆，蓋上保鮮膜，進行40分鐘基本發酵。

8

確認發酵是否完成，最簡單的方式是以手指沾上些許麵粉，戳入麵團中央，若洞口凹入不回彈，就是基本發酵完成。

▲
抹茶吐司

做出好吐司！
湯種法麵團這樣打

運用麵粉加入沸水（90℃以上）混合攪拌成 60 ～ 65℃的麵糊，使麵糊部分糊化成熟麵團（稱為燙麵）來製作吐司。

「湯」的日文含義為熱水、溫泉，湯種麵包是起源於日本的麵包製作方式。

優點	1. 提高麵團的吸水量，增加保水效果。 2. 長時間熟成，可以引出自然甘甜的風味。 3. 麵團組織潤澤 Q 彈，容易有拉絲的綿密效果。
缺點	湯種加熱的溫度不好控制，操作有一定難度。

示範影片

 **參考配方**

1

主麵團材料中的無鹽奶油置於室溫軟化備用。

2

將主麵團乾性材料及 50 克湯種麵團放入攪拌缸中，再將主麵團中的濕性材料加入。

3

用勾形攪拌棒先以先用低速將材料混合，再轉中速攪打到光滑，可以拉出有鋸齒狀的薄膜，此時為「充分擴展階段」。

8

確認發酵是否完成，最簡單的方式是以手指沾上些許麵粉，戳入麵團中央，若洞口凹入不回彈，就是基本發酵完成。

5

完成「充分擴展階段」，即可加入軟化的無鹽奶油。

6

先用低速將無鹽奶油攪入麵團中，再轉中速攪打到光滑，可以拉出均勻的薄膜，此時為「完全擴展階段」。

7

取出麵團置於鋼盆，蓋上保鮮膜，進行 50 分鐘基本發酵。

▲ 雞蛋吐司

Lesson 19 再創吐司新生命

當我們製作成美味的吐司之後，除了直接食用，做成三明治，塗抹果醬，是否還有其他美味的變化呢？如果不巧，製作成稍有瑕疵的吐司，例如：菜瓜布組織的過發吐司，或是長不大的哈比人吐司，除了餵豬倒入廚餘桶，是否還能給它一線生機？？

1 TOAST 麵包粉

材料

剩下的吐司………… 適量

做法

1. 如果吐司是水分充足的狀態，要先放置一天使其變乾硬，若已是乾硬的狀態即可直接使用。

2. 將乾硬狀態的吐司切成適當大小後，磨成麵包粉，或是使用麵包機／調理機，分多次打碎。

3. 將較大塊的麵包粉分散，再放入夾鏈袋，以冷凍保存。

2 TOAST 吐司披薩

材料

蕃茄醬	適量
紅黃椒	適量
洋蔥	適量
小熱狗	適量
起司絲	適量
美乃滋	適量
蔥末	適量

做法

1. 紅黃椒切圓片、洋蔥切絲、小熱狗切圓片備用。

2. 將蕃茄醬塗在吐司上方。

3. 鋪上紅黃椒、洋蔥、小熱狗及起司絲，再擠上美乃滋。

4. 預熱烤箱至 220℃（上火即可）。

5. 烘烤 15 ～ 18 分鐘後，取出撒上蔥末，就完成好吃的吐司披薩了。

3 TOAST 玉米濃湯

材料

玉米粒	1 罐
鮮奶油	100 克
牛奶	200 ～ 300 克
吐司	2 ～ 3 片
鹽	1/4 小匙
黑胡椒粒	適量

做法

1. 將冷凍保存退冰的吐司切成適當大小。預留一小碗玉米粒。

2. 將剩下的玉米粒連同湯汁、牛奶、鮮奶油、吐司塊放到鍋中，用手持電動調理棒打成濃湯。

3. 再將玉米粒加回濃湯裡，小火煮沸，加少許鹽和黑胡椒調味。

註： 此配方製作出來的玉米濃湯很濃稠，可添加適量的水分調整稠度。

4 TOAST
岩燒乳酪

材料

無鹽奶油⋯⋯⋯⋯ 30 克
動物性鮮奶油⋯⋯⋯ 60 克
牛奶⋯⋯⋯⋯⋯⋯ 25 克
起司片⋯⋯⋯⋯⋯ 3 片
奶油乳酪 25 克（可省略）
糖⋯⋯⋯⋯⋯⋯⋯ 20 克

做法

1. 糖、牛奶、動物性鮮奶油放入鍋中以小火加熱，融化後再放入奶油乳酪拌勻，加入起司片攪拌均勻使其融化。

2. 熄火，加入無鹽奶油攪拌均勻。

3. 過篩後，質感會比較滑順，稍微凝固冷卻之後，即為岩燒乳酪醬。

4. 切片吐司，均勻抹上乳酪醬，約可以塗抹四片吐司。

愛與恨老師小叮嚀

❶ 乳酪醬要稍微凝固的狀態再塗抹，不然質感太稀，會被吐司馬上吸收。

❷ 厚厚塗上一層之後，馬上入爐（預熱溫度上火 210℃／下火 0℃）烘烤 10 ～ 15 分左右即可。

5 TOAST
奶油酥條

材料

剩下的吐司⋯⋯⋯⋯ 適量
無鹽奶油⋯⋯⋯⋯⋯ 適量
細砂糖⋯⋯⋯⋯⋯⋯ 適量

做法

1. 吐司切條狀，無鹽奶油隔水加熱融化備用。

2. 烤箱預熱至 150℃。

3. 烤盤鋪上烘焙紙。

4. 吐司條均勻排列於烤盤，刷上單面融化的奶油，再撒上細砂糖。

5. 烘烤 20 ～ 30 分鐘，至麵包體完全乾燥酥脆。密封保存。

愛與恨老師小叮嚀

細砂糖也可換成海苔粉／香蒜粉，做成鹹口味也很涮嘴。

6 TOAST
培根蛋吐司

材料

吐司片⋯⋯⋯⋯⋯⋯ 1 片
培根⋯⋯⋯⋯⋯⋯⋯ 2 條
全蛋⋯⋯⋯⋯⋯⋯⋯ 1 顆
起司絲⋯⋯⋯⋯⋯⋯ 適量
黑胡椒粒⋯⋯⋯⋯⋯ 適量
蔥末⋯⋯⋯⋯⋯⋯⋯ 適量

做法

1. 取一片吐司，用湯匙或杯底，將吐司中間壓出一個有點深度的凹洞。

2. 將兩片培根交叉放上。

3. 打一顆全蛋放在培根上方。

4. 鋪上起司絲、撒上黑胡椒粒。

5. 預熱烤箱至 220℃（上火即可）。

6. 烘烤 15 ～ 18 分鐘後，取出撒上蔥末，就完成好吃的培根蛋吐司了。

Lesson 20 吐司製作常見 Q&A

製作麵包的主要流程，可以分為：前置作業、揉麵、發酵、排氣、分割、滾圓、鬆弛、整型、最後發酵、烘焙及出爐。我們整理出以下幾個製作時常見問題，以 Q&A 方式提供給大家參考。

★ 前置作業重點

看懂配方、準確秤量材料、無鹽奶油預先退冰、水分調整適當溫度。

Q1 我不想洗那麼多小碗，可以直接把材料倒入鋼盆秤量嗎？

為避免烘焙新手手一抖，就把半包糖倒下去，因此準確測量材料、依照屬性分開放置（乾性材料、濕性材料、油脂）、照步驟依序進行，可以減少錯誤的產生，因此建議新手上路，務必勤快一點。

Q2 我要如何挑選麵粉？打開之後如何保存呢？

市售麵粉可優先挑選成分無添加、保存期限短的國產麵粉，一公斤小包裝約可製作四條 12 兩吐司，拆封之後，盡快使用。由於台灣氣候潮濕炎熱，建議麵粉類放置於冰箱。

Q3 配方中的冰水，我可以直接使用冰塊操作嗎？

建議讀者，預先秤量液體材料，放置於冷凍庫約 20 分鐘，會產生碎冰的效果，可以有效控制麵團溫度。若是直接使用冰塊，顆粒太大，操作過程中深怕刮傷麵包機不沾鍋內層，或是中速以上拌打，冰塊會噴飛。同時會造成麵團終溫偏低，需要延長基礎發酵時間。

Q4 麵團都揉好了，基礎發酵後，麵團都不會長大，才發現忘記放酵母，怎麼辦？

將酵母粉用少許水分拌勻，與麵團拌打 2 ～ 3 分鐘，再重新發酵即可。可以把前面打好的麵團當作使用水合法操作，不需太過緊張。

不建議直接加酵母粉，因為它只會散落在麵團表面，無法快速溶解。

Q5 如何保存酵母？如何判斷活性呢？

如果不是常做麵包，建議讀者購買小包裝的酵母粉，拆開馬上使用，保持鮮度與活力。但是，節儉賢慧的媽媽們都知道，買大包裝比較便宜划算，那我們應該如何保持酵母粉的活性呢？

大包裝乾燥酵母拆封後，台灣氣候潮濕炎熱，建議要密封放冰箱冷藏或冷凍保存，以免受潮失效。

新鮮酵母是呈現灰白黏土狀的固體酵母，內含水分，所以有許多資訊都說不能冷凍，保存期限約冷藏 2 ～ 3 週。但根據實際測試，雖然冷凍的冰晶會造成部分酵母死亡，活性減弱，只要稍微增量使用，還是有很好的發酵作用。

分裝時建議使用乾燥不帶生水的刀子或湯匙，將新鮮酵母分成一次的使用分量，例如 10 克，用夾鏈袋密封保存。或是使用密閉的保鮮盒，將整塊新鮮酵母打碎裝入，要使用前，舀出秤重即可。這不是最正確的保存方式，但是可以避免新鮮酵母發霉，然後整塊丟棄的窘境，並延長使用期限。

酵母開封後，建議在袋子上寫上開封日期，提醒自己趕快趁新鮮使用。乾燥酵母一段時間沒有使用，若擔心酵母過期失效，可以利用以下方式測試，以免花費時間做出失敗的成品。

測試酵母活性的方式：

1/4 茶匙乾燥酵母添加 15 克（約一大匙）溫水或牛奶（約 35 ～ 40℃）及 1/4 茶匙細砂糖（提供酵母養分）混合均勻，常溫放置約 5 分鐘，若酵母液發泡膨脹，表示乾酵母活力正常。若是一杯灰色死水，毫無動靜，就表示酵母的活性喪失，無法使用囉！

建議養成測試酵母活性的好習慣，避免辛苦製作麵包，卻得到長不大「哈比胖」的下場。

Q6 我可以使用代糖做吐司嗎？

代糖無法提供酵母養分、幫助發酵，也無法正常產生梅納反應，烤出金黃好吃的顏色，請讀者使用一般細砂糖操作即可。

Q7 我可以不要放鹽嗎？

鹽量雖然少，卻有一定的影響力。它可以加強麵粉的麩質黏性和彈性，能使網狀構造更密集，烤出質地細緻飽滿的麵包。

很多朋友都知道，鹽會抑制發酵速度，它不會「鹹死酵母」，只是會讓它動作變慢而已。這並不是鹽分的缺點，相反的，發酵速度可以保持穩定不過快，緩慢發酵可以讓麵包產生更好的風味與組織。

適量的鹽分還有預防雜菌繁殖的效果。這麼容易取得，又不可或缺的材料，請讀者不要忘記它的存在。

Q8 為什麼配方裡都強調要用「軟化奶油」？
我可以用橄欖油／玄米油做吐司嗎？

麵包配方裡的奶油，主要是利用油脂特有的包覆作用，使水分不易蒸發，有效防止麵包久放後變硬。剛從冰箱取出的奶油，不易與麵團融合，過程中容易造成溫度上升，因此會建議讀者使用軟化奶油。

奶油要多軟呢？只要暫時放在室溫，手指一壓就凹陷的程度即可。不是用微波爐或電鍋融化奶油喔！

如果讀者想調整配方，改用橄欖油之類的液態油，建議和液體材料一起和粉類混合，如果等麵團充分擴展再倒入液體油，麵團會無法快速吸收油脂。

Q9 本書中的奶粉，一定要用嗎？

奶粉的保存期限長，水分少，只要購買配方單純的奶粉即可，不需購買昂貴的特殊配方奶粉。它的功用除了增加奶香風味，乳糖也可以幫助麵團上色，防止麵團變硬。

10 克奶粉＋90 克水可以得到 100 克的牛奶，讀者可以隨時調配出需要的牛奶分量，方便使用。奶粉也是製作奶酥不可或缺的材料，請讀者將奶粉列入必備的烘焙材料選單中。

★★ 揉麵／摔麵重點

在手揉麵包的過程，揉麵＋摔麵＝機器攪拌麵團，我們簡單說明這個程序的作用與意義。

攪拌麵團是為了讓麵團裡形成麩質的膜，可以保留酵母產生的二氧化碳，形成網狀組織，也就是我們喜歡看到的吐司細緻切面，為麵包賦予飽滿有彈性，壓下可回彈的質感。

Q10 為什麼要保留部分水分，慢慢加入麵團呢？

由於每位讀者使用的麵粉品牌不同，吸水率也不一樣，因此建議保留部分水分，視麵團的狀態來調整。一開始先慢速混合材料成團，手揉則是拌勻材料，慢慢把水分加入材料中，讓麵團吸收。

如果是手揉麵團，搓揉的過程至少要 2 ～ 3 分鐘，讓麵團的材料大範圍地搓揉均勻。

成團之後再開中速拌打麵團，也就是手揉麵團裡的「摔麵過程」，藉此步驟讓麵團產生筋性。

操作過程結束時，麵團應呈現光滑整齊的外型，桌面或是鋼盆乾淨不帶麵糊，麵團可以輕鬆拉扯出薄膜，此為達到完全擴展的麵團。

Q11 麵團黏手怎麼辦？

如果揉麵結束後，麵團不黏手，而發酵後卻黏手，那就不是水分的問題，可能是由於發酵溫度高導致的麵團有點濕黏，室溫發酵一般不會出現這個問題。

改善的方法，會建議讀者打好麵團後，在鋼盆和麵團上塗抹薄薄一層植物油，並且用保鮮膜或塑膠袋完整包覆起來。如此一來，基本發酵之後，麵團比較好操作。

取出剛發酵好的麵團，不要過度地揉，稍稍按壓排氣後就可以切割，如果麵團溫度比較高，可以稍微晾一會，整型時可以撒點高筋麵粉防黏。

Q12 為什麼我烤的吐司孔洞都很大？

攪拌麵團的溫度若是過高（理想終溫約 26 ～ 28℃），容易使麵團發酵過度，產生過多二氧化碳氣泡，即產生的孔洞大或氣泡多，攪拌過度也會讓吐司的內部組織粗糙、不細緻。烘烤之後，吐司質感彷彿菜瓜布。

Q13 揉不出膜如何處理？

所謂的薄膜，其實只是麵團完全擴展的一種判斷方式。只要麵粉與水充分水合，也可以產生自然的薄膜。

因此，無論使用手揉、麵包機，或是小型攪拌機，都不需要卯起來打麵團，除了手很痠，也容易造成麵團溫度過高。配合台灣的氣候，建議讀者多多使用水合法，可以自然降低溫度，並且讓麵團有足夠的時間吸收水分，家裡小量操作，受限於機器設備，我們應該盡量求好，而非求快。

如果時間有限，要使用直接法完成麵團，則建議準備足夠的冷卻方式，例如：麵包機縫隙塞入保冷劑降溫、鋼盆底下墊冰塊水，或是使用水果網袋將保冷劑捆綁在鋼盆周圍，都是家用攪拌機常見的降溫方式，都是為了抵抗轉速過慢，無法有效打出薄膜的應變方式，提供給讀者參考。

Q14 麵團如果攪拌不當，對吐司品質有哪些影響？

攪拌不足：麵團會變得扎實，缺乏延展性；內部組織易老化且多顆粒；外部組織皮厚且顏色不均勻無光澤。

攪拌過度：麵團會變得濕黏，缺乏彈性；內部組織粗糙且多大孔洞；外觀體積偏小且表面有小氣泡。

Q15 風味粉類例如：抹茶粉／可可粉／咖啡粉，應該何時加入麵團呢？

風味粉類不能直接替代奶粉的分量，其次，可溶於水的粉類，例如可可粉／即溶咖啡粉／部分品牌抹茶粉，可以在第一階段攪拌時，和所有的乾性材料一起拌打。

若是真的綠茶葉所製作的抹茶粉／紅茶粉／肉桂粉／咖啡渣／胚芽粉，請在麵團加入奶油後，完全擴展階段，再加入風味粉，慢速拌均勻即可。

關鍵在於不溶於水的茶葉粉、肉桂樹皮粉、咖啡的渣渣、營養胚芽粉，都會阻礙發酵，在麵團中成為小小的障礙物，影響筋性的建立。為了避免這個情形發生，我們可以先將麵團建立出完整的筋性，再加入風味粉類，就可以有效改善問題。

★★ 發酵重點

發酵是麵包／吐司做得好不好吃的關鍵之一，這裡提出幾個重點，讓新手參考。

Q16 麵團打好，基礎發酵我應該將麵團放在鋼盆中，還是加蓋的發酵箱呢？

以本書的麵團為例，因分量較少，整理成團後可放置於鋼盆中，覆蓋濕布／保鮮膜／塑膠袋，避免麵團水分散失。若是冬天，可將麵團放入密閉容器，例如：烤箱／微波爐／衣物整理箱／保麗龍箱；夏天室溫約 26 ～ 28℃，麵團放置於室溫基礎發酵即可。

麵團如果分量較多，建議放置於有蓋塑膠盒中，整理成一份方形等高的麵團，可幫助麵團均勻發酵，也方便後續翻麵時的動作操作。記得箱子中要塗抹薄薄一層植物油。

Q17 發酵不起來怎麼辦？

首先確定酵母是否過期。新鮮的酵母如果加的量足夠的話，是沒有理由發酵不起來的，即使在溫度低的天氣也是能發酵的，只是時間的問題。

第一次發酵的溫度，在 28 ～ 32℃之間為宜。

天冷時可以啟動麵包機或烤箱的發酵功能（須不定時噴水保持麵團表面濕潤），一般在 1 ～ 2 小時之間可以發好，天氣熱時，室溫發酵就行，夏季 1 小時左右就可以發好。

另一個發酵變慢的原因是，麵團終溫過低，酵母發酵速度偏慢。酵母是活的，溫度濕度符合需求，才能創造最理想的發酵狀態。

Q18 不知道怎麼判斷發酵是否完成？

到了食譜標示的發酵時間，可以用食指沾滿手粉（高筋麵粉）到第二個指節，再插入麵團中心。如果拔出後，凹洞還在，或是只有回彈一點點，代表發酵完成；如果凹洞大幅回彈，代表發酵還不夠，可以每隔五分鐘檢查一次，直到發酵完成。

如果麵團整體萎縮，出現氣泡，就代表發酵過度了！因此，我們應隨時關心麵團狀態，以免發酵過頭。如果麵團終溫過高，也會加快發酵速度，記得縮短時間。

★★ 排氣／翻麵重點

透過這個小小的動作，卻能大大提升麵包／吐司的風味。

Q19 為何要將麵團排氣處理？

排氣是將發酵到一半的麵團先壓扁，排出氣體再折疊的作業。並非所有麵包都需要這道手續，主要是吐司麵包這類需要飽滿體積和濕潤口感的麵包，才需要做好排氣工作。

排氣的動作可以擠碎麵團內的大氣泡，分解成小氣泡，讓麵包的切面更細緻均勻。

★★ 分割重點

確實分割等重的麵團，讓後續作業更加順暢。

Q20 分割麵團，有需要注意的事項嗎？

發酵完畢，要依麵包成形所需的尺寸大小分切麵團，這個程序就叫分割。

分割的時間，麵團仍持續發酵，所以動作盡量快狠準。

Q21 我是做來自己吃的，麵團大小隨意，不行嗎？

在同一個烤盤上，我們會希望讀者將麵團整理成一樣的尺寸，除了美觀，最主要的原因是，可以在同樣的烤溫與時間，將麵包熟成出爐。如果麵團大小不一，小麵包只需要短時間，而大麵包還沒有熟透，即使先將小麵包出爐，在反覆開關的過程中，溫度飄移，對控制麵包品質沒有幫助。所以即使是小餐包，也希望讀者確實平分大小，方便烘烤。

▲ 利用電子秤確實割出同樣大小的麵團。

▲ 大小一致的麵團，才方便烘烤。

★★ 滾圓重點

滾圓可以讓發酵後鬆垮的麵團表面變得緊繃，可刺激麩質，強化麵團，並鎖住麵團內產生的氣體。

Q22　我應該如何滾圓麵團？

滾圓最重要的目的是整理麵團表面，將麵團粗糙的那面滾進內部，使表面光滑緊繃。

新手最常犯的問題是，以為是在搓湯圓，只有單純搓來搓去，這樣會讓表面變得更粗糙，麵團顯得鬆垮。

單手滾圓小麵團：手掌微彎成像貓掌包住麵團，逆時針轉動，逐漸滾圓。將麵團微微夾在手指和檯面之間（手指都不離開桌面喔！）不斷滾動，讓麵團往底部滾入。

單手滾圓大麵團：麵團夾在手指和檯面之間，一邊轉動，一邊往底部壓入，只要麵團表面做成圓潤的樣子即可。

雙手滾圓大麵團：適合小手的滾圓做法。雙手像抱住麵團一樣，手指和檯面之間微微夾住麵團，從前方往自己的方向收進來，讓麵團往下捲入，麵團轉動 90 度，再重複一次動作，接著再轉 90 度，重複這個動作幾次，只要麵團表面變得圓潤即可。

如果實在不會滾圓，只要將麵團的對角線的兩個角朝下彎折，讓兩個角彼此貼緊，另外兩個角也以同樣方式處理，然後翻過來把底部確實收口即可。

滾圓後　　　滾圓前

★★ 鬆弛重點

滾圓麵團之後，麵團會變得緊繃，這時的麵團無法延展，所以需要靜置 15 ～ 20 分鐘，等待麵團休息。

Q23　鬆弛需要注意的事項？

新手的速度不快，麵團鬆弛的時間是以第一個麵團滾圓完畢開始計算，如果等全部的麵團都做完，往往第一個麵團已經過發了！因此將麵團依序放好之後，等鬆弛時間結束，再從第一個麵團開始依序整型。

鬆弛的過程中，要小心避免麵團乾燥，可以使用塑膠袋割開，覆蓋麵團，避免吹風。

★★ 整型重點

迅速整塑麵團造型的步驟，動作快，減少麵團過度發酵的可能。

Q24 如何善用擀麵棍？

用擀麵棍擀開吐司麵團時，訣竅就是力道要均勻，從麵團的中間出發，往前擀開，再回到中間，往自己的身體方向擀開，到尾端時，不要刻意擀薄。

擀開麵團時，要滾動擀麵棍，而不是用身體的力量去壓麵團，這樣會讓麵團黏在擀麵棍上，造成麵團撕裂。因此建議，擀壓柔軟的麵團之前，一定要使用少許手粉，避免沾黏。

Q25 吐司模需要做任何處理嗎？

如果讀者購買的是不沾吐司模，其實是不需要塗油的。將麵團排入之後，就可以準備發酵。但如果是會沾黏的吐司模，或是因為不當使用，造成些許毀損的吐司模，就必須做前處理。

在麵團放入之前，將烤模塗上薄薄一層油脂，幫助防沾。或是使用烘焙紙，做成吐司模形狀，都可以順利脫模。

★★ 最後發酵重點

讓成形的麵團再次發酵的作業，稱為「最後發酵」，此步驟是製作完美吐司的最後一哩路，一定要讓吐司發酵完全哦！

Q26 為什麼有時最後發酵會產生酸味？

最後發酵的作用是藉由發酵增加麵團中的乙醚與其他香味成分，如果發酵過度，就會產生酒精，也就是我們所聞到的酸味。

為了讓麵團可以在烘烤時繼續膨脹，最後發酵必須結束在酵母活動的巔峰時期。如果過度發酵，例如出門接小孩，回家看到吐司已經9～10分發，這樣會傷害麵團的延展性和彈性，烤焙之後會造成吐司結構變弱而塌陷。入爐烘烤不會長高，產生俗稱的「哈比胖」（小個子麵包）。

吐司麵團，由於烤焙彈性以及食譜配方的不同，有時老師會建議7分入爐，或是9分入爐，請讀者先依照食譜操作。

Q27 我家沒有發酵箱，請問最後發酵時，我應該如何處理，發酵效果會比較好？

發酵的大原則就是要在密閉空間，能夠保溫保濕。以下推薦幾種容器，適合家用小量發酵使用：

● 微波爐：一條吐司＋一杯熱水剛好，放兩條吐司，位子就顯得比較狹隘了！

● 烤箱：2～3條吐司＋一杯熱水提高濕度，建議讀者不要把熱水放在烤箱底部，改為和吐司同一層，這樣可以減少吐司底部組織粗糙的現象。

在發酵的過程中，雖然建議吐司表面噴水保持濕潤，但這樣同時也會造成山形吐司烤熟之後，表面產生小氣泡，不甚美觀。烤箱如果附有發酵功能，注意設定方式，自行更換熱水，增加濕度。

● 帶蓋保麗龍箱：保溫效果好。如果夠大，可以連同烤盤一起放入，保溫杯裝熱水，可以減少更換水杯的頻率。

● 衣物整理箱：使用方式同保麗龍箱，但是保溫效果略差。

● 露營用冰箱：保溫保冷，也是好用的選擇。

● 電鍋／炒菜鍋：如果只有一條吐司，帶蓋的電鍋、炒菜鍋，效果也很好。

▲ 帶蓋的保麗龍箱是便宜又好用的發酵箱。

★★ 烘焙重點

將麵團送進烤箱，讓麵團熟透變成可以食用的程序，但是仍有許多該注意的事項。

Q28 為什麼我烤的吐司會很硬？

常見原因為：

❶ 烤焙時間過長，導致水分流失過多。

長時間低溫烘烤，使得吐司表面梅納反應持續進行，形成過厚的表皮。

❷ 攪拌生成的筋性不夠，易產生老化的現象。

Q29 為什麼我烤的吐司會塌陷／縮腰？

吐司出現塌陷，實際上是麵包的表層外皮與柔軟的內側本身強度不足，像一棟房子，房屋骨架和內部的牆體軟化，導致無法支撐吐司形狀。

❶ 烤盤上吐司模的間距不夠，熱對流無法順利進行，導致側邊不容易上色。

❷ 吐司「發酵過度」容易造成側邊縮腰的現象。

❸ 「沒烤熟」的吐司內部組織尚未完全堅固，還有水氣，容易產生縮腰的現象。

❹ 添加了太多的柔性材料。適當的柔性材料可以潤滑麵筋，延緩麵包老化，使麵包變得柔軟，過多的添加會使麵團過於癱軟，無法支持烘烤的迅速膨脹，造成縮腰現象。

❺ 出爐後未及時脫模，吐司大量的熱氣不能散發出去容易導致縮腰的現象。

❻ 包餡吐司，料太多太重，也容易造成吐司無法支撐重量而縮腰。

❼ 外層軟化而塌陷。

烘烤完成的吐司或麵包，放在室溫中冷卻，麵包內部的水蒸氣會透過表層外皮向外釋放，使得麵包表層帶有濕氣，當濕氣軟化吐司外層，就容易變形。

可以有哪些改善方式呢？

烘烤完成後，將麵包連同模具一起用力敲扣在台上，將麵團內的水蒸氣盡早排出，減少表皮濕潤，並透過衝擊使小又薄的氣泡膜潰散成大的氣泡，讓結構更加堅固，降低塌陷的機率。

將吐司倒扣脫模，或是側躺脫模，加上風扇吹拂，快速冷卻吐司，不使濕氣軟化吐司，可以達到外型堅挺不萎縮的效果。

Q30 為什麼我烤的吐司長不高？

吐司要求體積大，揉麵必須達到完全擴展，這樣在發酵的過程中結實的膜才能夠包裹住更多的氣體。揉麵不確實的麵團，最後發酵時間太長，擀捲太緊的麵團都是產生「哈比胖」的原因。

哈比胖

Q31 為什麼我烤的麵包會沉積（底部，兩側或者中間）？

● **底部沉積**

❶ **最後發酵不足**：最後發酵不到位，底部未充分舒展開，烤出來自然會有沉積。

❷ **擀捲的時候底部捏得太緊**：底部捏太緊的話，發酵過程中這部分就比較難膨脹開來，造成底部沉積。

❸ **材料未均勻揉進麵團**：如果添加了果乾／堅果／雜糧等物料未均勻揉進麵團中，那種質量大的部分就會沉下去，形成底部的沉積。

● **兩側沉積**

一般合併都會有底部沉積的現象發生。麵團太多，視覺上已經填滿吐司盒子，但是實際兩側由於空間壓縮，還未完全發酵，這樣就容易造成沉積。

● **中間沉積**

中間沉積的原因是中間的麵團本身是擀捲起來的，中間部分就是擀捲過程的麵團表面。在鬆弛的過程中，表面被風乾了，後被捲起位於麵團的中央位置，風乾部分的麵團無法順利膨脹，就會造成中間部分沉積。

解決方法：在鬆弛時候的麵團上覆蓋上一塊擰乾的濕布。

Q32 為什麼吐司底部有縫隙，無法完全填滿？

吐司如果需要兩次擀捲，寬度建議略短於吐司模寬，如果太寬，塞入吐司模後，開始發酵，缺乏空間產生擠壓，常見的問題就是底部產生怪異的縫隙，只要縮短寬度，多半能改善問題。

Q33 好吐司的標準是什麼？

可以拉絲，少掉屑，有彈性。

好吐司剝開時有拉絲效果，纖維不會輕易被撕斷。切面（剖面）表面均勻細緻，氣孔均勻細密，沒有斷裂的粗糙感，吐司切片時不會有太多麵包屑。有彈性，綿密彈牙的口感，自然的麥香和奶香甘甜味。

Q34 如何讓吐司綿密牽絲？

為了讓吐司拉絲，必須將麵團揉出薄膜狀態（也就是大家一直追求的手套薄膜）。

麵團揉和過程，實際上是在強化麵團中的麵筋組織，透過不斷的揉搓和敲扣，使麵筋組織的網狀結構更細緻，增加延展性。手套膜狀態，即是麵團麵筋完全拓展狀態，完成了麵筋組織薄膜，讓酵母所產生的二氧化碳得以保存，獲得良好的麵包膨脹狀態。

也就是說，「麵筋延展度越好，麵包的烘烤彈性越佳，入口也更綿密彈牙」。

加上兩次擀捲的操作手法，也能使得吐司的口感更佳，組織更好。

Q35 「身高不均」的吐司如何改善？

製作吐司時，明明發酵、麵團狀態都良好的情況下，發酵出來的吐司卻高低不均，而且同一條組織細緻程度不一。這一般是在整型擀捲時出了問題。

改善的方式為：

在吐司整型時，排氣需完全，秤重切割需平均，在擀捲之前需要先進行 15 分鐘左右的鬆弛（視不同配方調整）再擀捲。

注意擀的過程中，力度要均勻，儘量擀得薄厚、寬度一致。自上而下擀捲，不要捲得太緊，捏緊收口。一般擀捲 2.5 到 3 圈，切記不要超過 3 圈。超過 3 圈容易抑制膨脹，而如果圈數不夠，吐司的結構會很鬆散，烘焙張力較差，出來的組織孔洞會過大。特別注意捲的時候力度要輕柔。

▲ 奶酥葡萄乾吐司

Q36 吐司出爐之後，一定要等它涼嗎？好想去睡覺啊‥‥‥

出爐之後，一定要放在置涼架上待涼，如果擔心晚上被蟑螂或是老鼠偷襲，建議涼架墊高，或是蓋上市場容易購得的菜罩，就可以安心去睡覺。脫水衣物所使用的網袋，也是許多朋友推薦的好物。

千萬不要放置於還有餘溫的烤箱中，很容易造成表面乾燥硬皮喔！

Q37 吐司如何保存？

準備乾淨的塑膠袋或是保鮮盒，待吐司冷卻後，切成每次食用的分量（薄片或厚片皆可），再裝入塑膠袋中密封。

吐司常溫可放置約 2 天，冷凍可放置約 2 週。冷藏容易造成澱粉老化，口感越來越乾燥，因此建議養成冷凍保存的好習慣。

切片吐司可以先逐一抹上醬料，用烘焙紙隔開，塑膠袋密封包好冷凍保存，常溫退冰，烤箱烤熱，口感佳！

Q38 麵包如何回烤？

冷凍麵包的復熱方式有以下幾種：

❶ 室溫放置 30 分鐘自然退冰，或是將烤箱以 150℃預熱 5 分鐘，將麵包外皮稍微噴水，烤 3 ～ 5 分鐘，這種方法皮脆。

❷ 可以在電鍋內放一張噴濕的廚房紙，麵包放盤子裡放電鍋，按下開關，3 分鐘即可。

❸ 烤麵包機可以直接加熱冷凍吐司片，快速方便。至於最近很紅的氣炸鍋、不需預熱的高溫阿拉丁烤箱，都很適合忙碌的現代人使用。

TOAST
Part 2
直接法
& 老麵法吐司

直接法麵團是吐司新手接觸吐司最簡單、方便的製作方式，它的程序簡單易懂，麵團的發酵時間短於中種法，適合初學者以及忙碌的一般家庭製作。

老麵，則是指過度發酵的麵種（發酵超過 8 小時，也就是隔夜酸種），少量添加在麵包配方中，可以增加成品的彈性與風味。

相思紅豆吐司

紅豆麵包是台式麵包的四大天王之一，
變身成吐司，依舊是人氣滿滿！
有沒有似曾相識的感覺？
這個造型正是《經典不敗台式麵包》中
花捲紅豆麵包的放大版，分量加倍，幸福加倍！

🍞 材料 （12 兩吐司 ×2 條）

乾性材料

高筋麵粉	480 克
細砂糖	95 克
鹽	5 克
速發酵母	5 克

濕性材料

全蛋	2 顆
冰水	190 克
動物性鮮奶油	25 克

奶油

無鹽奶油	50 克

內餡

紅豆餡	80 克 ×2

表面裝飾

全蛋液	適量
黑芝麻粒	適量

🔥 烘焙

● 烤層：下層
● 溫度：上火 160°C、下火 200°C

示範影片

1

A. 麵團製作

依 P.24「做出好吐司！
直接法麵團這樣打」，
完成基本發酵好的麵
團。

2

麵團完成基本發酵後，
分割成 2 等分，每份
450 克。

3

B. 中間發酵

將分割好的麵團折疊
第 1 次。

4 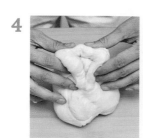 轉 90 度再折疊第 2 次。

9  將麵皮的下方以手指壓平，以利後續黏合。

5  將麵團由前往後收圓，轉 90 度，再一次收圓。

10  以刮板輔助，均勻抹上適量紅豆餡（P.55）。

6  再進行 10 分鐘中間發酵。

11  將麵皮自短邊由上往下輕輕捲起，收口朝下。

7

C. 整型

中間發酵完成後，用擀麵棍將麵團擀開成橢圓形麵皮。

12  用小刀在麵皮表面劃出斜紋。

8  麵皮翻面，上下兩端略微整型，將麵皮整成長方形。

13

D. 最後發酵

將紅豆吐司麵團放入吐司模，進行 40 ～ 60 分鐘的最後發酵。

14  紅豆吐司麵團最後發酵完成，入爐前刷上全蛋液、撒上黑芝麻。

15

確認烤箱已達預熱溫度，入爐烘烤 20 分鐘至表面上色，關掉上火，將吐司調頭，繼續烘烤 15 ～ 20 分鐘出爐。出爐後重摔一下，側躺脫模後，於置涼架上置涼。

愛與恨老師小叮嚀

1. 步驟 13 的斜紋可深可淺，烤出來會有不同的外觀，可視個人愛好選擇。
2. 讀者也可以嘗試使用大紅豆（花豆）來製作內餡，有不同的風味喔！
3. 紅豆餡適量即可，過多的內餡會拉長烘烤的時間，其濕度與重量容易造成麵包體產生縮腰的現象，建議盡量烤足時間。
4. 改用抹茶吐司配方搭配自製紅豆餡也非常好吃。

淺斜紋 　　　深斜紋

紅豆餡

材料

紅豆	200 克	沙拉油	2 大匙
水	200 克	無鹽奶油	1 大匙
細砂糖	125 克	鹽	1 小撮

做法

A. 200 克紅豆洗淨，先用水浸泡一夜，隔天紅豆膨脹，將水瀝乾。

B. 加水蓋過紅豆大約 1 指高，煮滾後將水倒掉，去紅豆澀味。

C. 再加 200 克的水，放入電鍋，外鍋倒入 240CC 的水，按下開關，跳起後悶 45 分鐘。

D. 測試一下紅豆的硬度，外鍋再加 120CC 的水，開關跳起後，再悶 45 分鐘

E. 如果要做「蜜紅豆」，就拌入 125 克細砂糖，少許鹽，輕輕拌勻之後，放隔夜，紅豆吸入糖水，即為好吃的「蜜紅豆」。

F. 如果要做「紅豆餡」，則將加入細砂糖和少許鹽的紅豆，再加入沙拉油和奶油，拌炒成泥狀，不要炒太乾，因為放涼會稍微變硬。紅豆餡放涼密封冷藏即可。

冠軍菠蘿吐司

菠蘿麵包一直是排行榜上的常勝軍，
做成吐司，彷彿穿上金黃色戰袍的大將，
充滿蛋香與奶香的酥脆外皮，搭配綿密可
口，絲絲入扣的麵包體，超好吃！

TOAST

冠軍菠蘿吐司

材料 （12 兩吐司 ×2 條）

乾性材料

高筋麵粉·························· 480 克
細砂糖····························· 95 克
鹽··································· 5 克
速發酵母···························· 5 克

濕性材料

全蛋································· 2 顆
冰水······························ 190 克
動物性鮮奶油······················ 25 克

奶油

無鹽奶油·························· 50 克

表面餡料

菠蘿皮···················· 50 克 ×4

表面裝飾

全蛋液···························· 適量

烘焙

● 烤層：下層
● 溫度：上火 170℃、下火 200℃

示範影片

1

A. 麵團製作

依 P.24「做出好吐司！直接法麵團這樣打」，完成基本發酵好的麵團。

2

麵團完成基本發酵後，分割成 4 等分，每份 230 克。

3

B. 中間發酵

將分割好的麵團折疊、收圓，進行 10 分鐘中間發酵。

4

C. 整型

工作檯面撒上高筋麵粉，將中間發酵好的麵團光滑面沾黏菠蘿皮（P.58）。

5

在掌心以旋轉方式，將菠蘿皮慢慢推薄。

6

讓菠蘿皮包覆整個麵團，完成後收口朝下。

9

E. 烘烤

確認烤箱已達預熱溫度，入爐烘烤 20 分鐘至表面上色，關掉上火，將吐司調頭，繼續烘烤 15 ～ 20 分鐘出爐。出爐後重摔一下，側躺脫模後，於置涼架上置涼。

7

D. 最後發酵

完成好的菠蘿吐司麵團放入吐司模，進行 40 ～ 60 分鐘的最後發酵。

8

菠蘿吐司麵團最後發酵完成，入爐前刷上全蛋液。

愛與恨老師小叮嚀

除了原味菠蘿，讀者也可以自行變化口味，抹茶、巧克力、咖啡，色彩豐富，口味迷人。

菠蘿皮

🍞 材料

無鹽奶油	39 克	奶粉	7 克
糖粉	34 克	高筋麵粉	65 克
全蛋液	25 克		

🍞 做法

A. 無鹽奶油置於室溫軟化後，加入糖粉打發至呈現乳白色。

B. 再慢慢加入蛋液拌勻。

C. 續加入奶粉拌成團。

D. 再慢慢加入高筋麵粉，輕輕壓拌均勻，避免出筋，口感變硬。

E. 菠蘿皮最佳的狀態是調整至如耳垂的軟硬度即可。

奶酥葡萄乾吐司

奶酥，是台式麵包不可或缺的口味，
愛與恨老師的奶酥配方，
搭配微酸的葡萄乾放在吐司裡，
香甜不膩，不論切片或手撕，都會讓你
一口接一口，好吃到停不了手！

做法在下一頁➡

奶酥葡萄乾吐司

材料 （12 兩吐司 ×2 條）

乾性材料

高筋麵粉···························· 480 克
細砂糖······························ 95 克
鹽······································ 5 克
速發酵母···························· 5 克

濕性材料

全蛋································· 2 顆
冰水······························ 190 克
動物性鮮奶油···················· 25 克

奶油

無鹽奶油··························· 50 克

內餡

奶酥餡························· 80 克 ×2
葡萄乾···························· 適量

烘焙

● 烤層：下層
● 溫度：上火 160°C、下火 200°C

 示範影片

1

A. 麵團製作

依 P.24「做出好吐司！直接法麵團這樣打」，完成基本發酵好的麵團。

2

麵團完成基本發酵後，分割成 2 等分，每份 450 克。

3

B. 中間發酵

將分割好的麵團折疊第 1 次，轉 90 度再折疊第 2 次。

4

將麵團由前往後收圓，轉 90 度，再一次收圓。

5

再進行 10 分鐘中間發酵。

6

C. 整型

中間發酵完成後，用擀麵棍將麵團擀開成橢圓形麵皮。

9

將麵皮自短邊由上往下輕輕捲起，收口朝下。

7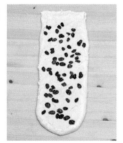

將麵皮翻面，並將上下兩端略微整型，下方以手指壓平。

10

D. 最後發酵

將奶酥葡萄乾麵團放入吐司模，進行 40 ～ 60 分鐘的最後發酵。

8

以刮板輔助，均勻抹上奶酥餡，再撒上適量的葡萄乾。

11

E. 烘烤

最後發酵完成，確認烤箱已達預熱溫度，入爐烘烤20 分鐘至表面上色，關掉上火，將吐司調頭，繼續烘烤 15 ～ 20 分鐘出爐。出爐後重摔一下，側躺脫模後，於置涼架上置涼。

奶酥餡

材料

無鹽奶油	33 克
糖粉	37 克
玉米粉	7 克
奶粉	50 克
全蛋液	25 克

做法

A. 無鹽奶油置於室溫軟化後，加入糖粉打勻。

B. 再加入蛋液拌勻，最後加入玉米粉及奶粉，用刮刀攪拌均勻即可。

愛與恨老師小叮嚀

❶ 奶酥餡較為濕重，建議烤足時間，避免出爐後縮腰，影響外觀。

❷ 葡萄乾可以換成蔓越莓乾，一樣好吃。

芋見幸福吐司

芋頭口味的產品深受大家喜歡，淡淡的粉紫色，
是浪漫的小清新，不論是切塊蒸熟，
加入麵團攪拌；或是自製芋泥，
搭配甜麵團，都是最真材實料的芋頭吐司。
讓我們一起芋見幸福吧！

🍞 材料 （12 兩吐司 ×2 條）

乾性材料

高筋麵粉	480 克
細砂糖	95 克
鹽	5 克
速發酵母	5 克

濕性材料

全蛋	2 顆
冰水	190 克
動物性鮮奶油	25 克

奶油

無鹽奶油	50 克

內餡

芋頭餡	80 克 ×2

表面裝飾

全蛋液	適量
杏仁片	適量

🔲 烘焙

- 烤層：下層
- 溫度：上火 160°C、下火 200°C

示範影片

1

A. 麵團製作

依 P.24「做出好吐司！直接法麵團這樣打」，完成基本發酵好的麵團。

2

麵團完成基本發酵後，分割成 2 等分，每份 450 克。

3

B. 中間發酵

將分割好的麵團折疊、收圓，進行 10 分鐘中間發酵。

4

C. 整型

中間發酵完成後，直接將麵團擀開，讓麵團略呈橢圓形。

9

將長方形的麵皮轉 90 度。

5

將橢圓形麵皮翻面，將麵皮的上下兩端略微整型，讓麵皮呈略寬的長方形。

10

以擀麵棍再將麵皮略微擀平。

6

以刮板輔助，均勻抹上芋頭餡。

············ **Tips** ············

芋頭餡做法可以參考紫薯餡（P.75）。

11

用切刀將麵皮切成 3 等分，上端不切斷。

7

將麵皮自短邊由上往下折 1/3。

12

將 3 等分麵皮略微分開。

8

再將麵皮自短邊由下往上折 1/3。

13

以編辮子的方式將麵皮編起。

14  辮子的最下方要壓緊。

17  芋頭吐司麵團最後發酵完成，入爐前刷上全蛋液、撒上杏仁片。

15  將辮子狀麵團翻面，上下各折起 1/4，再翻面回來。

18

E. 烘烤

確認烤箱已達預熱溫度，入爐烘烤 20 分鐘至表面上色，關掉上火，將吐司調頭，繼續烘烤 15 ～ 20 分鐘出爐。出爐後重摔一下，側躺脫模後，於置涼架上置涼。

16

D. 最後發酵

將芋頭吐司麵團放入吐司模，進行 40 ～ 60 分鐘的最後發酵。

愛與恨老師小叮嚀 ㄑ

❶ 編辮子時，需將內餡面轉正，如此一來麵團編完時，表面才看得到內餡。

❷ 市售芋泥餡的質感較乾硬，可以加入鮮奶油攪拌均勻，調整軟硬度，並降低口感上的甜膩，增加奶香。

❸ 善用中式點心的搭配元素，芋泥吐司的內餡也可以加入少許肉鬆或烤熟的鹹蛋黃，鹹甜交織，百吃不膩。

南洋風情椰香吐司

不知道大家還記得「可口奶滋」這個老牌的餅乾嗎？
它就是椰子口味，每當我烘烤椰香吐司時，
總會想起它。這吐司搭配不甜膩的椰子餡，
讓人忍不住一口氣嗑掉半條！

南洋風情椰香吐司

材料 （12 兩吐司 ×2 條）

乾性材料

高筋麵粉	480 克
細砂糖	95 克
鹽	5 克
速發酵母	5 克

濕性材料

全蛋	2 顆
冰水	190 克
動物性鮮奶油	25 克

奶油

無鹽奶油	50 克

內餡

椰子餡	80 克 ×2

表面裝飾

全蛋液	適量

🔲 烘焙

● 烤層：下層
● 溫度：上火 160°C、下火 200°C

示範影片

1

A. 麵團製作

依 P.24「做出好吐司！直接法麵團這樣打」，完成基本發酵好的麵團。

2

麵團完成基本發酵後，分割成 2 等分，每份 450 克。

3

B. 中間發酵

將分割好的麵團折疊、收圓，進行 10 分鐘中間發酵。

4

C. 整型

中間發酵完成後，用擀麵棍將麵團擀開成橢圓形麵皮。

5

將麵皮翻面，並將上下兩端略微整型，將麵皮整成長方形。

67

6  將麵皮的下方以手指壓平，以刮板輔助，均勻抹上適量椰子餡（P.68）。

9

將椰子吐司麵團放入吐司模，進行 40 ～ 60 分鐘的最後發酵。

7  將麵皮自短邊由上往下輕輕捲起，收口朝下。

10  椰子吐司麵團最後發酵完成，入爐前刷上全蛋液。

8  用小刀在麵團表面深劃出一條直線，露出內餡。

11

E. 烘烤

麵團最後發酵完成，確認烤箱已達預熱溫度，入爐烘烤 20 分鐘至表面上色，關掉上火，將吐司調頭，繼續烘烤 15 ～ 20 分鐘出爐。出爐後重摔一下，側躺脫模後，於置涼架上置涼。

椰子餡

 材料

奶油起司……	28 克	全蛋…………	1 顆
無鹽奶油……	28 克	奶粉………	21 克
糖…………	21 克	椰子粉……	55 克

 做法

奶油起司與無鹽奶油放入鋼盆中，以手持電動打蛋器打軟、打勻，再加入打散蛋液拌勻（不用打發，若打過發，反而不利於包餡，易爆開），最後將奶粉及椰子粉加入，以刮刀拌勻。

愛與恨老師小叮嚀

當製作包餡的吐司時，常發現切開之後出現一個大山洞，這是因為烘烤的過程中，餡料的水分蒸散，往上衝，餡料的重量受到地心引力影響，往下掉，於是烤完之後切開麵包或吐司，就會發現出現空洞。要如何克服這個問題呢？

❶ 可以嘗試降低餡料的水分，也就是說，乾一點的餡料，可以更緊密的和麵團結合在一起。

❷ 製造空氣蒸散的出口，利用「割線」或是「辮子編織」的手法，避免內餡的水分累積在麵團裡，就可以烤出漂亮的吐司了！

熱情紅龍果吐司

紅龍果顏色鮮豔，富含水分，
是近年來被普遍食用的水果。
其自然的紫紅色，應用在烘焙上，
非常吸引目光。

做法在下一頁 ↓

TOAST

熱情紅龍果吐司

🍞 材料 （12 兩吐司 ×2 條）

老麵麵團

高筋麵粉	100 克
細砂糖	1 克
鹽	1 克
酵母	1 克
水	65 克

主麵團

● 乾性材料

高筋麵粉	500 克
糖	65 克
鹽	7 克
速發酵母	5 克

● 濕性材料

紅龍果肉	220 克
全蛋	1 顆
冰水	75 克
老麵	50 克

奶油

無鹽奶油	40 克

表面裝飾

高筋麵粉	適量

🍳 烘焙

● 烤層：下層
● 溫度：上火 160℃、下火 200℃

示範影片

1

A. 麵團製作

依 P.21「動手做老麵」備好老麵麵團，取 50 克備用。

2

依 P.26「做出好吐司！老麵法麵團這樣打」，完成基本發酵好的麵團。

3

麵團完成基本發酵後，分割成 2 等分，每份 450 克。

4

將分割好的麵團折疊第 1 次，轉 90 度再折疊第 2 次。

5  將麵團由前往後收圓，轉 90 度，再一次收圓。

9  麵皮下方以手指壓平，由上往下輕輕捲起，收口朝下。

6

B. 中間發酵

將分割好的麵團折疊、收圓，進行 10 ～ 15 分鐘中間發酵。

10

D. 最後發酵 & 烘烤

將完成整型的紅龍果吐司麵團放入吐司模，進行 50 ～ 60 分鐘的最後發酵。

7

C. 整型

中間發酵完成後，用擀麵棍將麵團擀開成橢圓形麵皮。

11  紅龍果吐司麵團最後發酵完成（約至模具 8 分滿），入爐前將斜半邊撒上高粉。

8 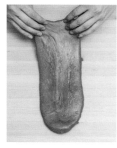 將麵皮翻面，上方略微整型，讓麵皮呈長方形。

12  確認烤箱已達預熱溫度，入爐烘烤 20 分鐘至表面上色，關掉上火，將吐司調頭，繼續烘烤 15 ～ 20 分鐘出爐。出爐後重摔一下，側躺脫模後，於置涼架上置涼。

愛與恨老師小叮嚀

紅龍果肉雖然可以直接切塊，與麵團拌打，但耗時較長，容易使麵團終溫偏高，且果膠豐富，麵團容易黏手。因此本配方改用紅龍果肉＋冷水，先打成果汁，讓麵團的拌打更為順利。

TOAST

浪漫紫薯吐司

紫薯的鮮豔色澤，來自於花青素，
能幫助清除體內的自由基。
光吃吐司當然不會有神效，還是要搭配
運動和充足睡眠，才能擁有健康。

材料 （12 兩吐司 ×2 條）

老麵麵團

高筋麵粉	100 克
細砂糖	1 克
鹽	1 克
酵母	1 克
水	65 克

主麵團

● 乾性材料

高筋麵粉	500 克
糖	75 克
鹽	6 克
紫薯粉	10 克
速發酵母	6 克

● 濕性材料

全蛋	1 顆
冰水	280 克
老麵	50 克

奶油

無鹽奶油	50 克

表面裝飾

全蛋液	適量

烘焙

● 烤層：下層
● 溫度：上火 160°C、下火 200°C

示範影片

1

A. 麵團製作

依 P.21「動手做老麵」
備好老麵麵團，取 50
克備用。

2

依 P.26「做出好吐司！
老麵法麵團這樣打」，
完成基本發酵好的麵
團。

3

麵團完成基本發酵後，
分割成 2 等分，每份
450 克。

4

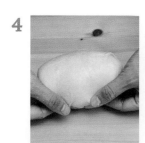

B. 中間發酵

將分割好的麵團折疊第 1 次。

5

轉 90 度再折疊第 2 次。

6

將麵團由前往後收圓，轉 90 度，再重複 1 ～ 2 次。

7

再進行 10 ～ 15 分鐘中間發酵。

8

C. 整型

中間發酵完成後，取出麵團，將麵團兩側推入，讓麵團略呈橢圓形。

9

用擀麵棍將麵團擀開成橢圓形麵皮。

10

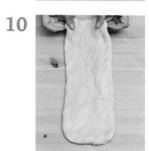

將麵皮翻面，並將麵皮的上下兩端略微整型，將麵皮整成長方形。

11

將麵皮的下方以手指壓平，以利後續黏合。

12

以刮板輔助，均勻抹上紫薯內餡，最下端約 4 公分不抹。

13

自麵皮的 2/5 處以切麵刀劃出線條，不切斷。

14  由上往下將麵皮輕輕捲起，收口朝下。

17  確認烤箱已達預熱溫度，入爐烘烤 20 分鐘至表面上色，關掉上火，將吐司調頭，繼續烘烤 15 ～ 20 分鐘出爐。出爐後重摔一下，側躺脫模後，於置涼架上置涼。

15

D. 最後發酵 & 烘烤

將紫薯吐司麵團放入吐司模，進行 50 ～ 60 分鐘的最後發酵。

16  紫薯吐司麵團最後發酵完成（約至模具 8 分滿），入爐前刷上全蛋液。

愛與恨老師小叮嚀 ⁄

梳子形（毛毛蟲式）整型法，是圓頂吐司的華麗版，可大量的塗抹自製內餡，捲起後，內餡均勻分布，是一款送禮自用都適宜的造型。

紫薯餡

 材料

紫地瓜	125 克	無鹽奶油	25 克
細砂糖	50 克	玉米粉	12 克

做法

蒸熟的紫地瓜趁熱搗壓成泥，加入細砂糖攪拌至糖融化，再加入奶油拌勻，最後加入玉米粉混拌均勻。甜度可自行調整。

＊註：紫地瓜可換成等量的芋頭、黃地瓜。

金色麥穗南瓜吐司

灰姑娘的南瓜馬車，不只實用，
還非常營養好吃！豐富的胡蘿蔔素，
賦予它金黃亮眼的色澤。

材料 （12 兩吐司 ×2 條）

老麵麵團

高筋麵粉	100 克
細砂糖	1 克
鹽	1 克
速發酵母	1 克
水	65 克

主麵團

● 乾性材料

高筋麵粉	450 克
南瓜粉	10 克
奶粉	14 克
細砂糖	68 克
鹽	7 克
速發酵母	5 克

● 濕性材料

冰水	290 克
老麵	70 克

奶油

無鹽奶油	35 克

內餡

南瓜餡	100 克 ×2

表面裝飾

全蛋液	適量

烘焙

● 烤層：下層
● 溫度：上火 160°C、下火 200°C

示範影片

1

A. 麵團製作

依 P.21「動手做老麵」備好老麵麵團，取 70 克備用。

2

依 P.26「做出好吐司！老麵法麵團這樣打」，完成基本發酵好的麵團。

3

麵團完成基本發酵後，分割成 2 等分，每份 450 克。

4

B. 中間發酵

將分割好的麵團折疊第 1 次。

9

用擀麵棍將麵團擀開成橢圓形麵皮。

5

轉 90 度再折疊第 2 次。

10

將麵皮翻面，轉 90 度，並將麵皮的上下兩端略微整型，將麵皮整成長方形。

6

將麵團由前往後收圓，轉 90 度，再一次收圓。

11

將麵皮的下方以手指壓平，以利後續黏合。

7

再進行 10 ～ 15 分鐘中間發酵。

12

以抹刀輔助，於麵皮中間均勻抹上南瓜餡，上下兩端不抹。

·········· **Tips** ··········

南瓜餡做法可以參考紫薯餡（P.75）。

8

C. 整型

中間發酵完成後，取出麵團，將麵團兩側推入，讓麵團略呈橢圓形。

13  由上往下將麵皮輕輕捲起，收口朝下。

16

將完成整型的南瓜吐司麵團放入吐司模，進行 50 ～ 60 分鐘的最後發酵。

14  用切刀將麵團切成雙數等分（下單數刀會成雙數等分），不要完全切斷。

17  南瓜吐司麵團最後發酵完成（約至模具 8 分滿），入爐前刷上全蛋液。

15  將分割不斷的麵團依左右往外翻成麥穗形。

18  確認烤箱已達預熱溫度，入爐烘烤 20 分鐘至表面上色，關掉上火，將吐司調頭，繼續烘烤 15 ～ 20 分鐘出爐。出爐後重摔一下，側躺脫模後，於置涼架上置涼。

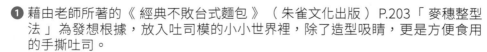

愛與恨老師小叮嚀

❶ 藉由老師所著的《經典不敗台式麵包》（朱雀文化出版）P.203「麥穗整型法」為發想根據，放入吐司模的小小世界裡，除了造型吸睛，更是方便食用的手撕吐司。

❷ 本配方採用南瓜粉製作麵團，也可以參考「P.84「黃金地瓜吐司」配方，將地瓜泥改成南瓜泥，水分請自行調整。

❸ 南瓜內餡搭配少許肉桂粉，就是萬聖節南瓜派的迷人風味。

陽光紅蘿蔔吐司

利用市售 100% 紅蘿蔔原汁，就可以輕鬆
製作營養吐司，也可以使用紅蘿蔔泥，
原汁原味呈現，各有巧妙不同。沒有獨特
草腥味，只留下清甜，是一款
充滿陽光朝氣的亮眼作品。

材料 （12 兩吐司 ×2 條）

老麵麵團
高筋麵粉	100 克
細砂糖	1 克
鹽	1 克
速發酵母	1 克
水	65 克

主麵團

● 乾性材料
高筋麵粉	500 克
細砂糖	65 克
鹽	7 克
速發酵母	5 克

● 濕性材料
紅蘿蔔原汁	220 克
冰水	75 克
全蛋	1 顆
老麵	50 克

奶油
無鹽奶油	40 克

表面裝飾
全蛋液	適量

烘焙

● 烤層：下層
● 溫度：上火 160℃、下火 200℃

示範影片

1

A. 麵團製作

依 P.21「動手做老
麵」備好老麵麵團，
取 50 克備用。

2

依 P.26「做出好吐
司！老麵法麵團這樣
打」，完成基本發酵
好的麵團。

3

麵團完成基本發酵
後，分割成 6 等分，
每份 75 克。

4

B. 中間發酵

將分割好的麵團折疊
第 1 次。

5

轉 90 度再折疊第 2 次。

6

將麵團滾圓。

7

再進行 10 ～ 15 分鐘
中間發酵。

8

C. 整型

中間發酵完成後，用
擀麵棍將麵團擀開成
橢圓形麵皮。

9

將麵皮翻面，轉 90 度，
將麵皮的下方以手指壓
平，以利後續黏合。

10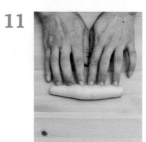

並將麵皮的上下兩端
略微整型，將麵皮整
成長方形。

11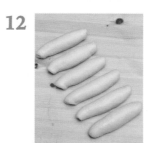

由上往下將麵皮輕輕
捲起，收口朝下。

12

依序完成 6 個麵團的
整型，鬆弛 10 分鐘。

13

將鬆弛好的麵團搓成
約 20 公分長條。

14  取 3 長條麵團，先將頂點固定。

15  依編辮子方式將麵團編織完成，收口處壓緊，收入麵團底部。

16  完成 2 個辮子形麵團，併在一起。

17

D. 最後發酵 & 烘烤

將完成整型的紅蘿蔔吐司麵團放入吐司模，進行 50 ～ 60 分鐘的最後發酵。

18  紅蘿蔔吐司麵團最後發酵完成（約至模具 8 分滿），入爐前刷上全蛋液。

19  確認烤箱已達預熱溫度，入爐烘烤 20 分鐘至表面上色，關掉上火，將吐司調頭，繼續烘烤 15 ～ 20 分鐘出爐。出爐後重摔一下，側躺脫模後，於置涼架上置涼。

愛與恨老師小叮嚀ㄟ

雙辮子造型，亮眼華麗，建議食用前不要切開，先用眼睛欣賞外型，再用手撕，慢慢享用。

紅蘿蔔吐司與奶油乳酪抹醬為絕配，建議搭配食用。

奶油乳酪抹醬

🍞 材料

奶油乳酪…………250 克
糖粉……… 70 ～ 100 克

🍞 做法

將奶油乳酪放軟，加入糖粉打勻，放入冰箱備用。

黃金地瓜吐司

TOAST

香甜可口，容易取得，且富含膳食纖維的地瓜，一向是台灣民眾熱愛的養生食品。紅肉地瓜較為濕潤，黃金地瓜鬆軟清甜，可依照個人喜好嘗試製作。

材料 （12 兩吐司 ×2 條）

老麵麵團

高筋麵粉	100 克
細砂糖	1 克
鹽	1 克
速發酵母	1 克
水	65 克

主麵團

● 乾性材料

高筋麵粉	500 克
細砂糖	75 克
鹽	6 克
速發酵母	6 克

● 濕性材料

冰水	270 克
全蛋	1 顆
老麵	50 克

奶油

無鹽奶油	50 克

內餡

黃地瓜泥	100 克 ×2

表面裝飾

全蛋液	適量

烘焙

● 烤層：下層
● 溫度：上火 160℃、下火 200℃

1

A. 麵團製作

依 P.21「動手做老麵」備好老麵麵團，取 50 克備用。

2

依 P.26「做出好吐司！老麵法麵團這樣打」，完成基本發酵好的麵團。

3

麵團完成基本發酵後，分割成 2 等分，每份 450 克。

4

B. 中間發酵

將分割好的麵團折疊、收圓，進行 10 ～ 15 分鐘中間發酵。

5

C. 整型 1

中間發酵完成後，用擀麵棍將麵團擀開成橢圓形麵皮。

6

將麵皮翻面，上下兩端略微整型，讓麵皮呈長方形。

7

以抹刀輔助，在麵皮中間均勻抹上地瓜餡。

.... **Tips** ....

地瓜餡做法可以參考紫薯餡（P.75）。

8

將左邊未抹上內餡的麵皮往中間折疊。

.... **Tips** ....

將邊緣壓扁，讓麵皮的黏合牢固。

9

於上方再均勻抹上地瓜內餡。

10

再將另一半折疊上來，黏合處捏緊。

11

D. 整型 2

也可以將中間發酵完成的麵團以擀麵棍擀成略大的長方形麵皮。

12

將麵皮的上下兩端略微整型，讓麵皮更具長方形。

13 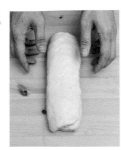 依步驟 7～10 完成包餡。

14  取切刀自麵團 5 公分處往下劃下一刀。

15  將內餡面翻出,兩條麵團互捲。

16  收口處壓緊,收入麵團底部。

17

E. 最後發酵 & 烘烤

將完成整型的黃地瓜吐司麵團放入吐司模,進行 50～60 分鐘的最後發酵。

18  黃地瓜吐司麵團最後發酵完成(約至模具 8 分滿),入爐前刷上全蛋液。

19  確認烤箱已達預熱溫度,入爐烘烤 20 分鐘至表面上色,關掉上火,將吐司調頭,繼續烘烤 15～20 分鐘出爐。出爐後重摔一下,側躺脫模後,於置涼架上置涼。

愛與恨老師小叮嚀 ⦃

地瓜餡酌量使用,不要貪心,塗抹太多太厚,都會造成麵團不易烤熟,出爐容易縮腰。
雙股辮整型手法,可以清楚看到豐富的內餡,避免切面出現空洞,非常適合新手操作。

中種麵團可以縮短主麵團的發酵時間，幫助省，而豐富乳酸菌可延緩麵團老化，麵團的膨脹力優於直接法麵團，成品體積較為飽滿、口感佳。

冷藏隔夜的中種麵團則可以幫助主麵團降溫，對於使用麵包機以及小型攪拌機的朋友可以提供控制終溫的幫助，也是極佳的吐司製作方式。

南洋風咖哩吐司

TOAST

咖哩是多種香料的集合體，層次豐富，
挑動你的味蕾，金黃色澤引人食慾大開，
大人小孩都喜歡的好味道！

TOAST

南洋風咖哩吐司

材料 （12 兩吐司 ×2 條）

中種麵團

高筋麵粉	336 克
速發酵母	5 克
水	168 克
鮮奶	35 克

主麵團

● 乾性材料

高筋麵粉	144 克
奶粉	28 克
細砂糖	48 克
鹽	7 克

● 濕性材料

全蛋	1 顆
冰水	70 克
動物性鮮奶油	15 克

奶油

無鹽奶油	38 克

內餡

咖哩餡	100 克 ×2

表面裝飾

起司絲、美乃滋	適量

烘焙

● 烤層：下層
● 溫度：上火 160℃、下火 200℃

1

A. 麵團製作

依 P.21「動手做中種」備好中種麵團。

2

依 P.27「做出好吐司！中種法麵團這樣打」，完成基本發酵好的麵團。

3

麵團完成基本發酵後，分割成 2 等分，每份 450 克。

4

B. 中間發酵

將分割好的麵團折疊、收圓，再進行 10～15 分鐘中間發酵。

5

C. 整型

中間發酵完成後，取出麵團，將麵團兩側推入，讓麵團略呈橢圓形，以擀麵棍擀開。

6
將麵皮翻面，將麵皮上下兩端整成長方形。

7
C. 整型
下方以手指壓平，以利後續黏合。

8
將咖哩餡均勻鋪在麵皮上方。

9
由上往下將麵皮輕輕捲起，收口朝下。

10
在麵團上方的中間，以小刀深劃一刀（不需從頭劃到尾），露出內餡。

11
D. 最後發酵 & 烘烤
將咖哩吐司麵團放入吐司模，進行 50 ～ 60 分鐘的最後發酵。

12
咖哩吐司麵團最後發酵完成，入爐前再鋪上些許內餡、起司絲，擠上美乃滋。

13
確認烤箱已達預熱溫度，入爐烘烤 20 分鐘至表面上色，關掉上火，將吐司調頭，繼續烘烤 15 ～ 20 分鐘出爐。出爐後重摔一下，側躺脫模後，於置涼架上置涼。

咖哩餡

🍞 **材料**

材料	份量
美乃滋	50 克
咖哩粉	20 克
熱狗切丁	100 克
火腿片切丁	5 片

🍞 **做法**

將全部材料攪拌均勻即可完成。

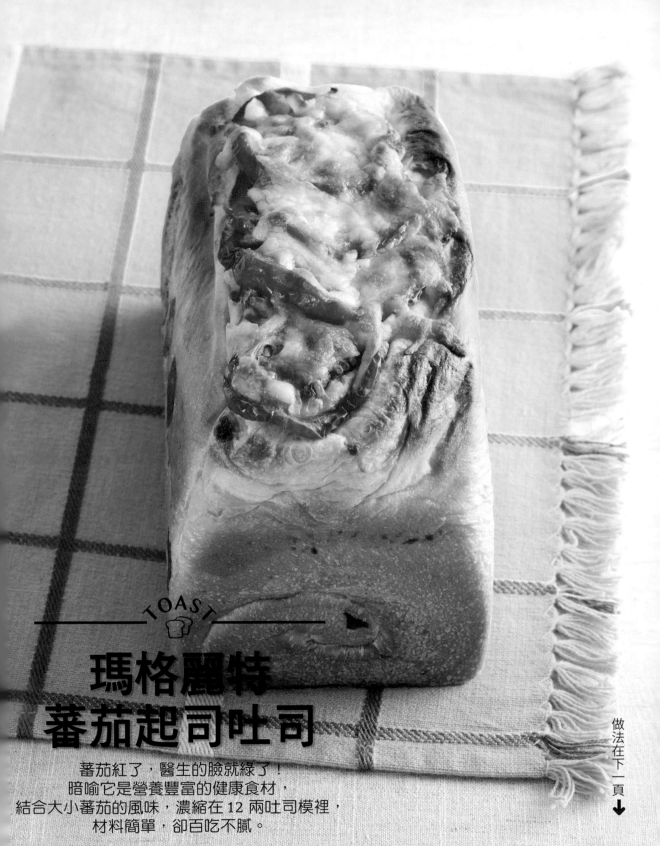

TOAST

瑪格麗特
蕃茄起司吐司

蕃茄紅了，醫生的臉就綠了！
暗喻它是營養豐富的健康食材，
結合大小蕃茄的風味，濃縮在 12 兩吐司模裡，
材料簡單，卻百吃不膩。

做法在下一頁 ↓

瑪格麗特蕃茄起司吐司

材料 （12 兩吐司 ×2 條）

中種麵團

高筋麵粉	336 克
速發酵母	5 克
水	168 克
鮮奶	35 克

主麵團

● 乾性材料

高筋麵粉	144 克
奶粉	28 克
細砂糖	48 克
鹽	7 克

● 濕性材料

全蛋	1 顆
冰水	70 克
動物性鮮奶油	15 克

奶油

無鹽奶油	38 克

內餡

蕃茄乾	適量
起司丁	適量

表面裝飾

蕃茄片、起司絲	適量

烘焙

- 烤層：下層
- 溫度：上火 160℃、下火 200℃

1

依 P.21「動手做中種」備好中種麵團。

2

依 P.27「做出好吐司！中種法麵團這樣打」，完成基本發酵好的麵團。

3

麵團完成基本發酵後，分割成 2 等分，每份 450 克。

4   B. 中間發酵

將分割好的麵團折疊第 1 次。

5

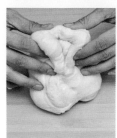

轉 90 度再折疊第 2 次。

6  將麵團由前往後收圓，轉 90 度，再重複 1 ～ 2 次。

11  由上往下將麵皮輕輕捲起，收口朝下。

7  再進行 10 ～ 15 分鐘中間發酵。

12

D. 最後發酵 & 烘烤

將蕃茄起司麵團放入吐司模，進行 50 ～ 60 分鐘的最後發酵。

8

C. 整型

中間發酵完成後，取出麵團，將麵團兩側推入，讓麵團略呈橢圓形，以擀麵棍擀開。

13  蕃茄起司麵團最後發酵完成，入爐前擺上蕃茄切片、鋪上適量起司絲。

9  將麵皮翻面，將麵皮整成長方形，下方以手指壓平，以利後續黏合。

14  確認烤箱已達預熱溫度，入爐烘烤 20 分鐘至表面上色，關掉上火，將吐司調頭，繼續烘烤 15 ～ 20 分鐘出爐。出爐後重摔一下，側躺脫模後，於置涼架上置涼。

10  小蕃茄切半以 150℃ 烘烤約 50 分鐘，放涼後切小塊，置於麵皮上方，再鋪上適量起司丁。

註：亦可買市售蕃茄乾製作。

愛與恨老師小叮嚀

如果喜歡九層塔的風味，也可以在打麵團時，加入適量的九層塔葉，記得再撒上少許黑胡椒粒，大人風的吐司，最適合帶去露營享用。

黯然銷魂
洋蔥鮪魚吐司

辛辣多汁洋蔥絲，搭配鮮美可口鮪魚肉，
點綴幾顆玉米粒，最後再用披薩起司絲將
美味融合在一起，空氣中散發幸福的香氣。

示範影片

烘焙

● 烤層：下層
● 溫度：上火 160℃、下火 200℃

材料 （12 兩吐司 ×2 條）

中種麵團

高筋麵粉	336 克
速發酵母	5 克
水	168 克
鮮奶	35 克

主麵團

● 乾性材料

高筋麵粉	144 克
奶粉	28 克
細砂糖	48 克
鹽	7 克

● 濕性材料

全蛋	1 顆
冰水	70 克
動物性鮮奶油	15 克

奶油

無鹽奶油	38 克

內餡

洋蔥絲	半顆
鮪魚罐頭	適量
玉米粒	適量

表面裝飾

起司絲、美乃滋	適量

1

A. 麵團製作

依 P.21「動手做中種」
備好中種麵團。

2

依 P.27「做出好吐司！
中種法麵團這樣打」，
完成基本發酵好的麵
團。

3

麵團完成基本發酵後，
分割成 2 等分，每份
450 克。

4

B. 中間發酵

將分割好的麵團折疊第1次。

5

轉 90 度再折疊第 2 次。

6

將麵團由前往後收圓，轉 90 度，再重複 1～2 次。

7

再進行 10～15 分鐘中間發酵。

8

C. 整型

中間發酵完成後，取出麵團，將麵團兩側推入，讓麵團略呈橢圓形。

9

用擀麵棍將麵團擀開成橢圓形麵皮。

10

將麵皮翻面，並將麵皮的上下兩端略微整型，將麵皮整成長方形。

11

將麵皮的下方以手指壓平，以利後續黏合。

12

玉米粒與鮪魚混合，撒上黑胡椒粒，將洋蔥絲鋪在麵皮表面上。

13

將材料略微按壓，讓食材位置固定。

14  再加入些許起司絲。

19  再鋪上些許洋蔥絲增加烤熟後的香氣。

15  由上往下將麵皮輕輕捲起，收口朝下。

20  最後擠上適量的美乃滋。

16

D. 最後發酵 & 烘烤

將洋蔥鮪魚吐司麵團放入吐司模，進行 50 ～ 60 分鐘的最後發酵。

21  確認烤箱已達預熱溫度，入爐烘烤 20 分鐘至表面上色，關掉上火，將吐司調頭，繼續烘烤 15 ～ 20 分鐘出爐。出爐後重摔一下，側躺脫模後，於置涼架上置涼。

17  洋蔥鮪魚吐司麵團最後發酵完成，入爐前刷上全蛋液。

愛與恨老師小叮嚀

好黯然，好銷魂，啊！是洋蔥！！
生洋蔥絲直接使用多汁夠味，但經過拌炒放涼，產生的甜味更是迷人！除了書中介紹的做法，讀者也可以利用時間預先炒軟洋蔥絲，可以去除水分、縮小體積，同時也濃縮了甜點，再放涼備用，裝飾在麵團表面或是當作內餡都很適宜。

18  再鋪上雙色起司絲。

金牌火腿肉脯吐司

最適合男孩子的雙味組合，
火腿＋肉脯，採用開放式的整型方式，
讓你一眼就看到它的內在，料好實在。

🍞 材料 （12 兩吐司 ×2 條）

中種麵團

高筋麵粉	336 克
速發酵母	5 克
水	168 克
鮮奶	35 克

主麵團

● 乾性材料

高筋麵粉	144 克
奶粉	28 克
細砂糖	48 克
鹽	7 克

● 濕性材料

全蛋	1 顆
冰水	70 克
動物性鮮奶油	15 克

奶油

無鹽奶油	38 克

內餡

肉脯餡	50 克 ×2
火腿	2 片 ×2

表面裝飾

起司絲、美乃滋	適量

🍳 烘焙

● 烤層：下層
● 溫度：上火 160℃、下火 200℃

1

A. 麵團製作

依 P.21「動手做中種」
備好中種麵團。

2

依 P.27「做出好吐司！
中種法麵團這樣打」，
完成基本發酵好的麵
團。

3

麵團完成基本發酵後，
分割成 6 等分，每份
150 克。

4

B. 中間發酵

將分割好的麵團折疊第1次。

5

轉90度再折疊第2次。

6

將麵團由前往後收圓，轉90度，再一次收圓。

7

再進行10～15分鐘中間發酵。

8

C. 整型

中間發酵完成後，取出麵團，將麵團兩側推入，讓麵團略呈橢圓形，以擀麵棍擀開。

9

將麵皮翻面，將麵皮整成長方形，下方以手指壓平，以利後續黏合。

10

將火腿擺放在麵皮上方，再鋪上適量肉脯。

11

由上往下將麵皮輕輕捲起，收口朝下。

12

將3份合併，以切割刀分成兩半。

13

一一將內餡面翻開，排列整齊。

14

D. 最後發酵 & 烘烤

將火腿肉脯麵團放入吐司模，進行 50 ～ 60 分鐘的最後發酵。

15

火腿肉脯麵團最後發酵完成，入爐前刷上全蛋液、鋪上適量起司絲。

16

再擠上美乃滋，再鋪上一層起司絲。

17

確認烤箱已達預熱溫度，入爐烘烤 20 分鐘至表面上色，關掉上火，將吐司調頭，繼續烘烤 15 ～ 20 分鐘出爐。出爐後重摔一下，側躺脫模後，於置涼架上置涼。

愛與恨老師小叮嚀ㄟ

很多人分不清肉鬆與肉脯的差別，兩者最大的差異在於肉鬆經過潑油的手續，嘗起來口感較為酥脆，而肉脯則無這道手續，因此肉脯保有清晰的豬肉絲纖維。

如果讀者手邊剛好有海苔肉鬆、寶寶肉鬆、旗魚鬆，也都可以使用，差別在於口感不同而已。

TOAST

人氣王火腿起司吐司

起司加火腿，堪稱烘焙界不敗的天王組合，
不論是做成三明治、夾燒帕尼尼、蛋餅、披薩，
都有完美表現，深受大家喜愛。

人氣王火腿起司吐司

材料 （12 兩吐司 ×2 條）

中種麵團

高筋麵粉	336 克
速發酵母	5 克
水	168 克
鮮奶	35 克

主麵團

● 乾性材料

高筋麵粉	144 克
奶粉	28 克
細砂糖	48 克
鹽	7 克

● 濕性材料

全蛋	1 顆
冰水	70 克
動物性鮮奶油	15 克

奶油

無鹽奶油	38 克

內餡

起司片	8 片
火腿片	8 片

表面裝飾

全蛋液、起司絲	適量

烘焙

示範影片

● 烤層：下層
● 溫度：上火 160°C、下火 200°C

1 A. 麵團製作

依 P.21「動手做中種」備好中種麵團。

2 依 P.27「做出好吐司！中種法麵團這樣打」，完成基本發酵好的麵團。

3 麵團完成基本發酵後，分割成 2 等分，每份 450 克。

4 B. 中間發酵

將分割好的麵團折疊、收圓，再進行 10 ～ 15 分鐘中間發酵。

5 C. 整型

中間發酵完成後，取出麵團，將麵團兩側推入，讓麵團略呈橢圓形，以擀麵棍擀開。

6 將麵皮翻面，將麵皮上下兩端整成長方形，下方以手指壓平，以利後續黏合。

10 **D. 最後發酵 & 烘烤**

將火腿起司吐司麵團放入吐司模，進行 50 ～ 60 分鐘的最後發酵。

7 麵皮上方左右交錯放上四片起司片。

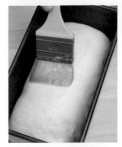

11 火腿起司吐司麵團最後發酵完成，入爐前刷上全蛋液。

8 再於起司片上擺上火腿片。

12 再鋪上適量的起司絲。

9 由上往下將麵皮輕輕捲起，收口朝下。

13 確認烤箱已達預熱溫度，入爐烘烤 20 分鐘至表面上色，關掉上火，將吐司調頭，繼續烘烤 15 ～ 20 分鐘出爐。出爐後重摔一下，側躺脫模後，於置涼架上置涼。

愛與恨老師小叮嚀

起司片與火腿片的擺放位置，有許多不同派別的支持者，老師的習慣是左右交錯放置。

讀者也可以選擇將起司片和火腿片切成小丁，完成擴展階段之後，慢速拌勻，每一口都吃得到料，是早餐時光的小確幸。

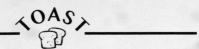

養氣桂圓核桃吐司

黑糖有著一股淡淡的迷人甜香，
溫潤的風味深受大家喜愛，搭配營養的
桂圓肉及核桃，是不是有一種
滋補養顏的感覺呢？

做法在下一頁 ↓

養氣桂圓核桃吐司

🍞 材料 （12 兩吐司 ×2 條）

隔夜中種麵團（黑糖）

高筋麵粉	330 克
速發酵母	2 克
水	200 克

主麵團（黑糖）

● 乾性材料

高筋麵粉	140 克
黑糖	56 克
鹽	5 克
速發酵母	3 克

● 濕性材料

全蛋	1 顆
動物性鮮奶油	50 克

奶油

無鹽奶油	70 克

內餡

桂圓肉	適量
核桃	適量

表面裝飾

核桃粒	適量

🔲 烘焙

● 烤層：下層
● 溫度：上火 160℃、下火 200℃

示範影片

1　**A. 麵團製作**

依 P.22「動手做隔夜中種」備好隔夜中種麵團。

2　依 P.29「做出好吐司！隔夜中種法麵團這樣打」，完成基本發酵好的麵團。

3　麵團完成基本發酵後，分割成 4 等分，每份 230 克。

4　**B. 中間發酵**

將分割好的麵團折疊、收圓，再進行 10 ～ 15 分鐘中間發酵。

5　**C. 整型**

中間發酵完成後，取出麵團，將麵團兩側推入，讓麵團略呈橢圓形。再以擀麵棍慢慢將麵團擀平，呈橢圓形麵皮。

6 　將麵皮翻面，將麵皮整成長方形，下方以手指壓平，以利後續黏合。

10 　將 2 份麵團併列，割成 4 等分，將內餡面露出，排成一列。

7 　將桂圓肉、核桃均勻鋪在麵皮上，輕壓讓內餡更牢固。

11 　**D. 最後發酵 & 烘烤**

將桂圓核桃吐司麵團放入吐司模，進行 40 ～ 50 分鐘的最後發酵。

8 　由上往下將麵皮輕輕捲起，收口朝下。

12 　桂圓核桃吐司麵團最後發酵完成（約至模具 7 分滿），入爐前再撒上適量核桃粒。

9 　再重複一次步驟 5 ～ 9，每個吐司模內須放入 2 份麵團。

13 　確認烤箱已達預熱溫度，入爐烘烤 20 分鐘至表面上色，關掉上火，將吐司調頭，繼續烘烤 15 ～ 20 分鐘出爐。出爐後重摔一下，側躺脫模後，於置涼架上置涼。

愛與恨老師小叮嚀

❶ 桂圓肉可以使用熱水沖過，瀝乾，切小塊，也可以浸漬在蘭姆酒或是紅酒中，風味更迷人！

❷ 核桃先稍微用平底鍋炒過，或是烤箱烘烤出香味再剝碎使用，會更好吃。

❸ 為了避免桂圓肉被烤乾，可以稍微塗上一層蛋液，再撒核桃碎粒。

貴妃荔枝吐司

果乾的種類眾多，台灣特有的荔枝乾風味
和桂圓並不相同喔！如果大家有機會購得
這個產品，或是自製荔枝果乾，
可以妥善利用。

貴妃荔枝吐司

🍞 材料 （12 兩吐司 ×2 條）

隔夜中種麵團（蜂蜜）

高筋麵粉·································· 330 克
速發酵母····························· 2 克
水···································· 215 克

主麵團（蜂蜜）

● 乾性材料

高筋麵粉·································· 140 克
細砂糖····························· 95 克
鹽································· 5 克
速發酵母····························· 3 克

● 濕性材料

全蛋···································· 1 顆
蜂蜜····························· 25 克
動物性鮮奶油····················· 20 克

奶油

無鹽奶油····························· 50 克

內餡

荔枝乾····························· 適量

表面裝飾

高筋麵粉····························· 適量

🔲 烘焙

● 烤層：下層
● 溫度：上火 160°C、下火 200°C

示範影片

1

A. 麵團製作

依 P.22「動手做隔夜中種」備好隔夜中種麵團。

2

依 P.29「做出好吐司！隔夜中種法麵團這樣打」，完成基本發酵好的麵團。

3

麵團完成基本發酵後，分割成 2 等分，每份 450 克。

4

B. 中間發酵

將分割好的麵團折疊第 1 次。

5

轉 90 度再折疊第 2 次。

6  將麵團由前往後收圓，轉 90 度，再一次收圓。

11  由上往下將麵皮輕輕捲起，收口朝下。

7  再進行 10 ～ 15 分鐘中間發酵。

12

D. 最後發酵 & 烘烤

將貴妃荔枝吐司麵團放入吐司模，進行 40 ～ 50 分鐘的最後發酵。

8

C. 整型

中間發酵完成後，取出麵團，將麵團兩側推入，讓麵團略呈橢圓形，以擀麵棍擀開。

13  貴妃荔枝吐司麵團最後發酵完成（約至模具 7 分滿），入爐前撒粉劃線。

9  將麵皮翻面，下方以手指壓平，以利後續黏合。

14  確認烤箱已達預熱溫度，入爐烘烤 20 分鐘至表面上色，關掉上火，將吐司調頭，繼續烘烤 15 ～ 20 分鐘出爐。出爐後重摔一下，側躺脫模後，於置涼架上置涼。

10  將荔枝乾均勻平鋪在麵皮上。

愛與恨老師小叮嚀

荔枝果乾可以先切小塊，與白酒浸泡一夜，應用在烘烤吐司或軟歐包都非常美味喔！

養生黑豆吐司

日本料理店有一道好吃的小菜～蜜漬黑豆，鬆軟可口，也很適合包入內餡，和紅豆餡有不同的感覺喔！

做法在下一頁↓

黑豆吐司

材料 （12 兩吐司 ×2 條）

隔夜中種麵團（黑糖）

高筋麵粉	330 克
速發酵母	2 克
水	200 克

主麵團（黑糖）

● 乾性材料

高筋麵粉	140 克
黑糖	56 克
鹽	5 克
速發酵母	3 克

● 濕性材料

全蛋	1 顆
動物性鮮奶油	50 克

奶油

無鹽奶油	70 克

內餡

日本黑豆	適量

表面裝飾

高筋麵粉	適量

烘焙

● 烤層：下層
● 溫度：上火 160°C、下火 200°C

示範影片

1

A. 麵團製作

依 P.22「動手做隔夜中種」備好隔夜中種麵團。

2

依 P.29「做出好吐司！隔夜中種法麵團這樣打」，完成基本發酵好的麵團。

3

麵團完成基本發酵後，分割成 12 等分，每份 75 克。

4

B. 中間發酵

將分割好的麵團滾圓，再進行 10 ～ 15 分鐘中間發酵。

5

C. 整型

中間發酵完成後，將麵團拍扁。

6  將麵皮翻面,包入適量的日本黑豆。

10  包餡時請注意收口處不要沾到餡料,油脂會使收口處不易黏合,同時包餡後,不用再滾圓,因滾圓反而會讓內餡往上跑,容易導致爆餡。

7  左手的拇指與食指固定住上方麵團。

11  **D. 最後發酵 & 烘烤**

將黑豆吐司麵團放入吐司模,進行 40 ~ 50 分鐘的最後發酵。

8  右手拇指與食指先從下方捏緊,慢慢的逐步往上捏,將麵團逐漸捏緊至最上方。

12  黑豆吐司麵團最後發酵完成(約至模具 7 分滿),入爐前撒上適量高粉裝飾。

9  收口捏緊後,收口朝下,依續完成所有的麵團。

13  確認烤箱已達預熱溫度,入爐烘烤 20 分鐘至表面上色,關掉上火,將吐司調頭,繼續烘烤 15 ~ 20 分鐘出爐。出爐後重摔一下,側躺脫模後,於置涼架上置涼。

愛與恨老師小叮嚀

❶ 賢慧的媽媽們如果覺得蜜漬黑豆不易購買,也可以自製喔!
❶ 黑豆除了應用在黑糖麵團,也可以使用無糖黑豆漿代替水分,利用本書示範的「直接法麵團這樣打」(P24)製作,豆香味加倍,歡迎感受黑豆的魅力!

甜蜜黑糖吐司

TOAST

黑糖在傳統觀念裡，給人較為營養健康的
感覺，事實上，它和其他糖類只是
製程不同，熱量是差不多的喔！
但是在烘焙應用上，的確有其迷人之處。

甜蜜黑糖吐司

🍞 材料 （12 兩吐司 ×2 條）

隔夜中種麵團（黑糖）

高筋麵粉	330 克
速發酵母	2 克
水	200 克

主麵團（黑糖）

● 乾性材料

高筋麵粉	140 克
黑糖	56 克
鹽	5 克
速發酵母	3 克

● 濕性材料

全蛋	1 顆
動物性鮮奶油	50 克

奶油

無鹽奶油	70 克

內餡

核桃粒	適量

表面裝飾

全蛋液	適量
核桃粒	適量

🔲 烘焙

● 烤層：下層

● 溫度：上火 160℃、下火 200℃

1

A. 麵團製作

依 P.22「動手做隔夜中種」備好隔夜中種麵團。

2

依 P.29「做出好吐司！隔夜中種法麵團這樣打」，完成基本發酵好的麵團。

3

麵團完成基本發酵後，分割成 4 等分，每份 230 克。

4

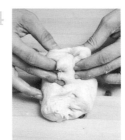

B. 中間發酵

將分割好的麵團折疊，轉 90 度再折疊。

5

將折疊過的麵團收圓，轉 90 度再一次收圓。

6 再進行 10 ～ 15 分鐘中間發酵。

10 再重複一次步驟 7 ～ 9，每個吐司模內須放入 2 份麵團。將兩份合併，排列整齊。

7　　　　　　　C. 整型

中間發酵完成後，取出麵團，將麵團兩側推入，讓麵團略呈橢圓形。再以擀麵棍慢慢將麵團擀開呈橢圓形麵皮。

11　　　　D. 最後發酵 & 烘烤

將黑糖吐司麵團放入吐司模，進行 40 ～ 50 分鐘的最後發酵。

8 將麵皮翻面，下方以手指壓平，以利後續黏合。

12 黑糖吐司麵團最後發酵完成（約至模具 7 分滿），入爐前刷上全蛋液、撒上適量核桃粒。

9 由上往下將麵皮輕輕捲起，收口朝下。

13 確認烤箱已達預熱溫度，入爐烘烤 20 分鐘至表面上色，關掉上火，將吐司調頭，繼續烘烤 15 ～ 20 分鐘出爐。出爐後重摔一下，側躺脫模後，於置涼架上置涼。

愛與恨老師小叮嚀ㄥ

① 如果購買市售黑糖粉，可以直接使用；若是黑糖塊，建議打碎再使用，不然效果欠佳。也可以利用直接法配方，將黑糖塊與配方內的水分煮溶放涼備用，善用手邊材料變化，正是烘焙的樂趣所在。

② 烘焙材料行所販售的黑糖烤不爆麻糬（粿加蕉），切小丁包入麵團，或是直接在擀開麵團撒上適量黑糖粉，烘烤後的黑糖風味倍增。

維尼蜂蜜吐司

這個蜂蜜吐司的設計，蜂蜜用量並不多，
但是利用隔夜中種法，加上蜂蜜與鮮奶
油，讓麵團本身的保濕、彈性，以及香氣
都更上一層樓，適合單吃，或是切片後
稍微烘烤，加上一小塊無鹽發酵奶油、
一小匙純蜂蜜，可以帶來一天的好心情！

做法在下一頁→

維尼蜂蜜吐司

🍞 材料 （12 兩吐司 ×2 條）

隔夜中種麵團（蜂蜜）

高筋麵粉⋯⋯⋯⋯⋯⋯⋯⋯⋯ 330 克
速發酵母⋯⋯⋯⋯⋯⋯⋯⋯⋯ 2 克
水⋯⋯⋯⋯⋯⋯⋯⋯⋯⋯⋯⋯ 215 克

主麵團（蜂蜜）
● 乾性材料
高筋麵粉⋯⋯⋯⋯⋯⋯⋯⋯⋯ 140 克
細砂糖⋯⋯⋯⋯⋯⋯⋯⋯⋯⋯ 95 克
鹽⋯⋯⋯⋯⋯⋯⋯⋯⋯⋯⋯⋯ 5 克
速發酵母⋯⋯⋯⋯⋯⋯⋯⋯⋯ 3 克
● 濕性材料
全蛋⋯⋯⋯⋯⋯⋯⋯⋯⋯⋯⋯ 1 顆
蜂蜜⋯⋯⋯⋯⋯⋯⋯⋯⋯⋯⋯ 25 克
動物性鮮奶油⋯⋯⋯⋯⋯⋯⋯ 20 克

奶油
無鹽奶油⋯⋯⋯⋯⋯⋯⋯⋯⋯ 50 克

表面裝飾
全蛋液⋯⋯⋯⋯⋯⋯⋯⋯⋯⋯ 適量

🥘 烘焙

● 烤層：下層
● 溫度：上火 160°C、下火 200°C

A. 麵團製作

1 依 P.22「動手做隔夜中種」備好隔夜中種麵團。

2 依 P.29「做出好吐司！隔夜中種法麵團這樣打」，完成基本發酵好的麵團。

3 麵團完成基本發酵後，分割成 2 等分，每份 450 克。

B. 中間發酵

4 將分割好的麵團折疊第 1 次。

5 轉 90 度再折疊第 2 次。

6
將麵團由前往後收圓，轉 90 度，再一次收圓。

11
由上往下將麵皮輕輕捲起，收口朝下。

7
進行 10 ～ 15 分鐘中間發酵。

12
D. 最後發酵 & 烘烤
將蜂蜜吐司麵團放入吐司模，進行 40 ～ 50 分鐘的最後發酵。

8
C. 整型
中間發酵完成後，取出麵團，將麵團兩側推入，讓麵團略呈橢圓形。

13
蜂蜜吐司麵團最後發酵完成（約至模具 7 分滿），入爐前再刷上全蛋液。

9
再以擀麵棍將麵團慢慢擀開，呈橢圓形麵皮。

14
確認烤箱已達預熱溫度，入爐烘烤 20 分鐘至表面上色，關掉上火，將吐司調頭，繼續烘烤 15 ～ 20 分鐘出爐。出爐後重摔一下，側躺脫模後，於置涼架上置涼。

10
將麵團翻面，上面兩端略微整型呈長方形，下方以手指壓平，以利後續黏合。

愛與恨老師小叮嚀 ⼓
烘焙材料行有販售蜂蜜丁，有點 QQ 的口感，可以搭配蜂蜜吐司麵團使用。

TOAST

Part4 液種法

& 湯種法吐司

低溫長時間發酵後做成酵種，隔日再與材料攪拌均勻的液種法，讓麵團因為長時間發酵產生濃厚發酵香氣，使吐司保濕效果好，延緩老化。

而在麵團中加入熟麵糊的湯種法，能够提高吐司的持水量，讓口感更加柔軟，吐司撕開後有片狀羽毛或拉絲的效果。

家常鮮奶吐司

家常吐司，就像東方人的白飯一樣，
它可以搭配任何材料，恰如其分的扮演
夥伴的角色，也可以單純的品味它的美好，
百吃不膩，百變風情!!

材料 （12 兩吐司 ×2 條）

液種麵團
高筋麵粉·································· 100 克
速發酵母·································· 1 克
水··· 100 克

主麵團
● 乾性材料
高筋麵粉·································· 450 克
奶粉······································· 14 克
細砂糖····································· 23 克
鹽··· 8 克
速發酵母·································· 4 克
● 濕性材料
牛奶······································· 270 克
全蛋······································· 1 顆
冰水······································· 23 克
液種麵團·································· 75 克

奶油
無鹽奶油·································· 45 克

表面裝飾
全蛋液·································· 適量

烘焙

● 烤層：下層
● 溫度：上火 160℃、下火 200℃

示範影片

A. 麵團製作

依 P.23「動手做液種」
備好液種麵團，取 75
克備用。

依 P.30「做出好吐司！
液種法麵團這樣打」，
完成基本發酵好的麵
團。

麵團完成基本發酵後，
分割成 4 等分，每份
230 克。

4

B. 中間發酵

將分割好的麵團折疊第 1 次。

5

轉 90 度再折疊第 2 次。

6

將麵團由前往後收圓，轉 90 度，再重複 2 ～ 3 次。

7

再進行 10 ～ 15 分鐘中間發酵。

8

C. 整型

中間發酵完成後，以擀麵棍將麵團擀開呈橢圓形。

9

將麵皮翻面，轉 90 度，下方以手指壓平，以利後續黏合。

10

由上往下將麵皮輕輕捲起，收口朝下。

11

完成所有麵團擀捲，鬆弛 10 ～ 15 分鐘，準備做第二次擀捲。

12

麵團鬆弛後，將第一次捲好的麵團擺直，用擀麵棍擀成約 30 公分的長條麵皮。

13

將麵皮翻面，下方以手指壓平，以利後續黏合。

14　由上往下將麵皮輕輕捲起，收口朝下。

16　鮮奶吐司麵團最後發酵完成（約至模具8分滿），入爐前刷上全蛋液。

15　**D. 最後發酵 & 烘烤**

將鮮奶吐司麵團放入吐司模左右各一，進行 50 ～ 60 分鐘的最後發酵。

17　確認烤箱已達預熱溫度，入爐烘烤 20 分鐘至表面上色，關掉上火，將吐司調頭，繼續烘烤 15 ～ 20 分鐘出爐。出爐後重摔一下，側躺脫模後，於置涼架上置涼。

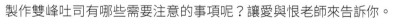

愛與恨老師小叮嚀 ζ

製作雙峰吐司有哪些需要注意的事項呢？讓愛與恨老師來告訴你。

❶ 避免大小奶（雙峰大小不一）的祕訣，首先是切割出兩個重量相同的麵團，不論是雙峰、三峰、五峰，差異性越小，發酵後的高度越接近。

❷ 擀捲力道盡量平均，擀開的麵皮長度固定（例如：和擀麵棍等長），捲起的圈數相同表示力道平均，自然發酵後的高度會相同。

❸ 預熱烤箱時，可以將底火溫度升高 10 ～ 20℃，入爐後調整為正常烤溫，用意在於烤吐司的烤溫設定是底火高於上火，略高的溫度，可以彌補家用烤箱一開門就降溫的缺點。

❹ 烤箱溫度普遍不均，因此入爐後進入烘烤階段一半的時間，建議將烤盤前後對調位子。

巧克力奶香吐司

愛與恨老師的招牌奶香包，
改用巧克力口味華麗登場，整齊排列在吐司
盒中的奶香包，有熟悉的美感。

材料 （12 兩吐司 ×2 條）

液種麵團

高筋麵粉	100 克
速發酵母	1 克
水	100 克

主麵團

● 乾性材料

高筋麵粉	450 克
可可粉	22 克
細砂糖	90 克
鹽	5 克
速發酵母	5 克

● 濕性材料

冰水	300 克
動物性鮮奶油	45 克
液種麵團	100 克

奶油

無鹽奶油	23 克

表面裝飾

全蛋液	適量
無鹽奶油	適量

烘焙

● 烤層：下層
● 溫度：上火 160°C、下火 200°C

示範影片

1

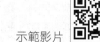

A. 麵團製作

依 P.23「動手做液種」
備好液種麵團，取 100
克備用。

2

依 P.30「做出好吐司！
液種法麵團這樣打」，
完成基本發酵好的麵
團。

3

麵團完成基本發酵後，
分割成 6 等分，每份
150 克。

4

B. 中間發酵

將分割好的麵團折疊第 1 次，轉 90 度再折疊第 2 次。

5

將麵團由前往後收圓，轉 90 度，再一次收圓。

6

再進行 10 ～ 15 分鐘中間發酵。

7

C. 整型

中間發酵完成後，將麵團搓成長水滴形，置於一旁鬆弛 10 分鐘。

8

將麵團擺直，以擀麵棍將麵糰從中段往上擀平。

9

左手拉住尖端，右手按住擀麵棍，將麵團擀成約 25 公分長。

10

由上往下將麵皮輕輕捲起，收口朝下。

11

D. 最後發酵 & 烘烤

將巧克力吐司麵團放入吐司模左右中間各一，進行 50 ～ 60 分鐘的最後發酵。

12

巧克力吐司麵團最後發酵完成（約至模具 8 分滿），入爐前刷上全蛋液、劃上斜線，擠上無鹽奶油。

13

確認烤箱已達預熱溫度，入爐烘烤 20 分鐘至表面上色，關掉上火，將吐司調頭，繼續烘烤 15 ～ 20 分鐘出爐。出爐後重摔一下，側躺脫模後，於置涼架上置涼。

愛與恨老師小叮嚀

❶ 巧克力奶香吐司可以包入巧克力豆、堅果類（核桃）、蜜漬橙皮丁、乳酪丁等，請讀者自行發揮創意。

❷ **長水滴形麵團搓法**

長水滴形麵團用途很廣，很多人愛吃的鹽可頌也是這樣做的！所以這個整型法一定要學會！

1
用手掌壓住圓麵團，施力點放在手掌上。

5
將水滴形麵團擺正，以擀麵棍將麵團從中段往上擀平。

2
慢慢將一邊的麵團搓揉成尖狀。

6
左手拉住尖端，右手按住擀麵棍，從中段往下方輕輕擀過，邊擀邊拉長麵團，讓擀平的長度約25公分即可。

3
再用雙手手掌一同施力，尖尾的地方施力最大。

7
不用翻面，用雙手將麵皮由上而下輕輕捲起。

4
慢慢將麵團搓揉成長水滴形，鬆弛10～15分鐘。

8
捲到一半時，可以拿起麵團，左手拉著尖尾，慢慢捲起。

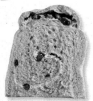

小清新抹茶吐司

抹茶口味的任何產品在台灣市場都
極受歡迎，關鍵在於淡雅的茶香和微苦
回甘的口感，配上一抹清爽的綠意，
無疑是小清新的最佳代言人！

🍞 材料 （12 兩吐司 ×2 條）

液種麵團

高筋麵粉	100 克
速發酵母	1 克
水	100 克

主麵團

● 乾性材料

高筋麵粉	500 克
抹茶粉	5 克
細砂糖	60 克
鹽	5 克
速發酵母	5 克

● 濕性材料

冰水	300 克
動物性鮮奶油	40 克
液種麵團	50 克

奶油

無鹽奶油	50 克

內餡

紅豆粒	適量
奶油乳酪餡	適量

表面裝飾

高筋麵粉	適量

🍞 烘焙

● 烤層：下層
● 溫度：上火 160℃、下火 200℃

示範影片

A. 麵團製作

1

依 P.23「動手做液種」備好液種麵團，取 50 克備用。

2
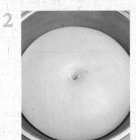
依 P.30「做出好吐司！液種法麵團這樣打」，完成基本發酵好的麵團。

3

麵團完成基本發酵後，分割成 2 等分，每份 450 克。

4

B. 中間發酵

將分割好的麵團折疊第 1 次，轉 90 度再折疊第 2 次。

5

將麵團由前往後收圓，轉 90 度，再一次收圓，再進行 10 ～ 15 分鐘中間發酵。

6

C. 整型

中間發酵完成後，取出麵團，將麵團兩側推入，讓麵團略呈橢圓形。

7

用擀麵棍將麵團擀開成橢圓形麵皮。

8

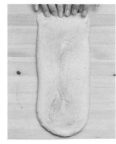

將麵皮翻面，並將麵皮的下方以手指壓平，以利後續黏合。

9

以抹刀輔助，均勻抹上適量奶油乳酪餡（P.135）。

10

將紅豆粒（P.55）均勻鋪在上面。

11

將麵皮由上往下輕輕捲起，收口朝下。

12

D. 最後發酵 & 烘烤

將抹茶吐司麵團放入吐司模中，進行 50 ～ 60 分鐘的最後發酵。

13

抹茶吐司麵團最後發酵完成（約至模具 8 分滿），入爐前在表面撒上高筋麵粉。

| 14 |  | 再用利刀在撒粉的表面劃出斜紋，增加美觀。 |

| 15 |  | 確認烤箱已達預熱溫度，入爐烘烤 20 分鐘至表面上色，關掉上火，將吐司調頭，繼續烘烤 15 ～ 20 分鐘出爐。出爐後重摔一下，側躺脫模後，於置涼架上置涼。 |

奶油乳酪餡

🍞 材料

奶油乳酪……… 200 克
糖粉……………… 50 克

🍞 做法

將奶油乳酪打軟，加入糖粉拌均勻即可。

愛與恨老師小叮嚀 ⟨

❶ 表面裝飾的撒粉劃線何時做最好？

這款抹茶吐司老師做了實驗，一個是在入模前先撒粉劃線；一個是最後發酵完成，入爐前撒粉劃線。

入模前撒粉劃線烤出來的吐司劃線的紋路明顯；入爐前撒粉劃線烤出來的吐司紋路秀氣雅緻，看讀者個人喜愛。

入爐前劃線

入模後劃線

❷ 抹茶粉加入麵團的時機

抹茶，是日語，指的是磨成微粉狀的綠茶，台灣消費者所使用的抹茶粉分為兩種：

A. 由茶葉磨成粉：其本質上依舊是綠茶，不溶於麵團中，兒茶素成分會影響麵團發酵，為了不影響麵團筋度的形成，建議麵團打好之後，再用慢速拌合。

B. 萃取茶液加工製成的茶粉：像奶粉一樣可溶解，可以跟著我們的乾性材料一起倒入攪拌缸，顯色效果佳，比較不會產生氧化之後的鏽色，售價也比較便宜。但是存有添加香料色素疑慮。

TOAST

三色辮子吐司

三股辮的造型，常應用於麵包製作，
吐司方面以丹麥吐司與三色吐司最常使用，
只要配色得宜，都能呈現特殊的美感。

TOAST

三色辮子吐司

🍞 材料 （12 兩吐司 ×2 條）

抹茶吐司麵團⋯⋯⋯⋯⋯⋯⋯⋯ 300 克
巧克力吐司麵團⋯⋯⋯⋯⋯⋯⋯ 300 克
鮮奶吐司麵團⋯⋯⋯⋯⋯⋯⋯⋯ 300 克

表面裝飾
全蛋液⋯⋯⋯⋯⋯⋯⋯⋯⋯⋯⋯ 適量

🍞 烘焙

● 烤層：下層
● 溫度：上火 160℃、下火 200℃

示範影片

1

A. 麵團製作

依 P.132「抹茶吐司」
備好抹茶吐司麵團，
取 300 克備用。

2

依 P.128「巧克力吐司」備好巧克力吐司麵團，取 300 克備用。

3

依 P.124「鮮奶吐司」
備好鮮奶吐司麵團，
取 300 克備用。

4

麵團完成基本發酵後，
各分割成 2 等分，每
份 150 克。

5

B. 中間發酵

將分割好的麵團折疊、
收圓，再進行 10 ～ 15
分鐘中間發酵。

6

C. 整型

中間發酵完成後，用擀麵棍將麵團擀開成橢圓形麵皮。

7

將麵皮翻面，轉 90 度，並將麵皮的下方以手指壓平。

8

將麵皮由上往下輕輕捲起，收口朝下。

9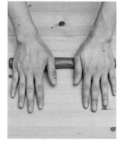

將三色麵團分別處理好，鬆弛 15 分鐘，將鬆弛好的長條麵團，用手揉成約 20 公分的長條。

10

取三色長條麵團，左右兩條頂點先固定，中間再放上一條長條麵團，右左相互打叉，編成辮子，收口壓在辮子下方。

11

D. 最後發酵 & 烘烤

將三色辮子吐司麵團放入吐司模中，進行 50 ～ 60 分鐘的最後發酵。

12

三色辮子吐司麵團最後發酵完成（約至模具 8 分滿），入爐前刷上全蛋液。

13

確認烤箱已達預熱溫度，入爐烘烤 20 分鐘至表面上色，關掉上火，將吐司調頭，繼續烘烤 15 ～ 20 分鐘出爐。出爐後重摔一下，側躺脫模後，於置涼架上置涼。

愛與恨老師小叮嚀 ﹨

三色吐司還有哪些顏色的組合呢？烘焙圈曾經流行過的西瓜吐司（紅 / 綠 / 白）、豹紋吐司（白 / 淺咖啡 / 深咖啡）、小小兵吐司（黃 / 黑 / 白）、玫瑰吐司（白 / 淺粉紅 / 深粉紅 / 少許綠色）……，運用顏色的變化，可以做出非常多的造型，讀者可以做做腦力激盪。

元氣奶油吐司

引人食慾的奶香吐司,有著綿密牽絲的
組織,不論是單吃或是做為三明治的
主要材料都非常適合。

做法在下一頁 →

元氣奶油吐司

材料 （12 兩吐司 ×2 條）

液種麵團

高筋麵粉	100 克
速發酵母	1 克
水	100 克

主麵團

● 乾性材料

高筋麵粉	500 克
奶粉	15 克
細砂糖	90 克
鹽	8 克
速發酵母	5 克

● 濕性材料

全蛋	1 顆
冰水	250 克
液種麵團	75 克

奶油

無鹽奶油	60 克

表面裝飾

全蛋液	適量
無鹽奶油	適量

烘焙

示範影片

- 烤層：下層
- 溫度：上火 160°C、下火 200°C

1

依 P.23「動手做液種」備好液種麵團，取 75 克備用。

A. 麵團製作

2

依 P.30「做出好吐司！液種法麵團這樣打」，完成基本發酵好的麵團。

3

麵團完成基本發酵後，分割成 6 等分，每份 150 克。

4

B. 中間發酵

將分割好的麵團折疊第 1 次。

5

轉 90 度再折疊第 2 次。

6

將麵團由前往後收圓，轉 90 度，再一次收圓。

11

將奶油吐司麵團放入吐司模左右中間各一，進行 50 ～ 60 分鐘的最後發酵。

7

進行 10 ～ 15 分鐘中間發酵。

12

奶油吐司麵團最後發酵完成（約至模具 8 分滿），入爐前刷上全蛋液，再於表面剪開，擠上無鹽奶油。

8

C. 整型

中間發酵完成後，以擀麵棍將麵團擀開呈橢圓形。

13

確認烤箱已達預熱溫度，入爐烘烤 20 分鐘至表面上色，關掉上火，將吐司調頭，繼續烘烤 15 ～ 20 分鐘出爐。出爐後重摔一下，側躺脫模後，於置涼架上置涼。

9

將麵皮翻面，下方以手指壓平，以利後續黏合。

愛與恨老師小叮嚀

❶ 想要做出漂亮的三峰吐司，製作時麵團的大小一致，且擀捲圈數力求相同，後發之前，可以用手背輕壓吐司，調整三峰的高度。

❷ 此款吐司，因表面擠上無鹽奶油，烘烤過程中，奶油有可能自底部的孔洞溢出，請讀者記得墊烤盤，避免奶油滴落到烤箱底部產生濃煙，且不易清理喔！

10

由上往下將麵皮輕輕捲起，收口朝下。

❸ 三峰吐司擺放在吐司模位置，建議以左右中擺放的方式較佳，若將麵團全部放在同一邊，最後發酵後麵團會呈彎月形（圖右）。

TOAST

萬用白吐司

萬用白吐司，顧名思義，我們希望賦予
它多重身分與角色，藉由少油少糖，
展現最純淨的風味。一般會做成山形
白吐司，我們則以帶蓋吐司的方式練習。

萬用白吐司

材料 （12 兩吐司 ×2 條）

湯種麵團

高筋麵粉	25 克
細砂糖	2 克
沸水	25 克

主麵團

● 乾性材料

高筋麵粉	500 克
奶粉	20 克
細砂糖	40 克
鹽	7 克
速發酵母	5 克

● 濕性材料

冰水	320 克
湯種麵團	50 克

奶油

無鹽奶油	25 克

烘焙

● 烤層：下層
● 溫度：上火 160°C、下火 200°C

示範影片

1

A. 麵團製作

依 P.23「動手做湯種」備好湯種麵團，取 50 克備用。

2

依 P.32「做出好吐司！湯種法麵團這樣打」，完成基本發酵好的麵團。

3

麵團完成基本發酵後，分割成 6 等分，每份 150 克。

4

B. 中間發酵

將分割好的麵團完成折疊、收圓，再進行 10 ～ 15 分鐘中間發酵。

5

中間發酵完成後，以擀麵棍將麵團擀開呈橢圓形。

6

C. 整型

將麵皮翻面，轉 90 度，並將下方以手指壓平，由上往下將麵皮輕輕捲起，收口朝下。

9

D. 最後發酵 & 烘烤

將白吐司麵團放入吐司模中側邊居中擺放，進行 40 ～ 60 分鐘的最後發酵。

7

完成所有麵團擀捲，鬆弛 10 ～ 15 分鐘，準備做第二次擀捲。

10

白吐司麵團最後發酵完成（約至模具 8 分滿），入爐前蓋上吐司上蓋。

8

依 P.124 家常鮮奶吐司步驟 12 ～ 14，完成第二次擀捲。

11

確認烤箱已達預熱溫度，入爐烘烤 20 分鐘，將吐司調頭，繼續烘烤 15 ～ 20 分鐘出爐。出爐後重摔一下，側躺脫模後，於置涼架上置涼。

愛與恨老師小叮嚀

❶ 帶蓋吐司如何判別熟度？

A. 直接查看

當我們利用設定的溫度，烘烤到一半的時間時，如果已經聞到香味，那就表示溫度過高，建議降溫，繼續烘烤完畢，而不是提早出爐，因為我們要確保吐司中心的麵團有熟透。其次，到達設定的烘烤時間時，可以戴上隔熱手套，稍微推開一條吐司的蓋子，看看上色情形，再決定是否出爐。顏色金黃，香氣四溢，就可以出爐了！

B. 噴霧法

利用噴霧器，快速噴水在吐司模的側面，如果水珠快速消失，就表示熟了！

❷ 另一個需要提醒的部分是，過度發酵容易造成出角的現象（吐司邊呈現銳利方正的角度），這沒有對錯的問題，符合個人喜好即可，如果要避免這個情形發生，建議後發大約 7 分滿即可準備帶蓋入爐烘烤。

❸ 吐司模如果非不沾材質，記得噴上或是塗上一層油脂，或是整齊的墊上烘焙紙，否則烤完會無法順利脫模喔！

香濃雞蛋吐司

高比例的雞蛋，含有豐富的卵磷脂，
製作成吐司，不論是麵團的爆發力，
或是延緩麵團老化的能力都高人一等。

做法在下一頁 ↓

香濃雞蛋吐司

材料 （12 兩吐司 ×2 條）

湯種麵團

高筋麵粉	25 克
細砂糖	2 克
沸水	25 克

主麵團

● 乾性材料

高筋麵粉	500 克
奶粉	20 克
細砂糖	120 克
鹽	4 克
速發酵母	7 克

● 濕性材料

冰水	100 克
全蛋	4 顆
湯種麵團	50 克

奶油

無鹽奶油	75 克

表面裝飾

高筋麵粉	適量

烘焙

示範影片

● 烤層：下層
● 溫度：上火 160℃、下火 200℃

1

A. 麵團製作

依 P.23「動手做湯種」備好湯種麵團，取 50 克備用。

2

依 P.32「做出好吐司！湯種法麵團這樣打」，完成基本發酵好的麵團。

3

麵團完成基本發酵後，分割成 4 等分，每份 230 克。

4

B. 中間發酵

將分割好的麵團折疊第 1 次。

5

轉 90 度再折疊第 2 次。

6  將麵團由前往後收圓，轉 90 度，再一次收圓。

 9

D. 最後發酵 & 烘烤

將雞蛋吐司麵團放入吐司模中左右各一，進行 40 ～ 60 分鐘的最後發酵。

 7  折疊、收圓好的麵團，再進行 10 ～ 15 分鐘中間發酵。

10  雞蛋吐司麵團最後發酵完成（約至模具 8 分滿），入爐前撒上高粉，用刀片劃出交叉線條。

 8

C. 整型

中間發酵完成後，再將麵團滾圓。

11  確認烤箱已達預熱溫度，入爐烘烤 20 分鐘至表面上色，關掉上火，將吐司調頭，繼續烘烤 15 ～ 20 分鐘出爐。出爐後重摔一下，側躺脫模後，於置涼架上置涼。

愛與恨老師小叮嚀 ㄟ

蛋香濃郁卻不膩口的美味吐司，本配方也可以做成雞蛋小餐包，營養豐富又好吃。

自然麥香吐司

不強調健康，只追求自然麥香，對於新手
讀者，這是比較好入門，又好吃的配方。
早晨時光，為家人烤片麥香吐司，
搭配荷包蛋與少許生菜，清爽有活力！

自然麥香吐司

材料 （12 兩吐司 ×2 條）

湯種麵團

高筋麵粉	25 克
細砂糖	2 克
沸水	25 克

主麵團

● 乾性材料

高筋麵粉	300 克
全麥粉	200 克
奶粉	15 克
細砂糖	50 克
鹽	5 克
速發酵母	6 克

● 濕性材料

冰水	250 克
全蛋	1 顆
動物鮮奶油	50 克
湯種麵團	50 克

奶油

無鹽奶油	80 克

烘焙

● 烤層：下層
● 溫度：上火 160℃、下火 200℃

示範影片

1

A. 麵團製作

依 P.23「動手做湯種」備好湯種麵團，取 50 克備用。

2

依 P.32「做出好吐司！湯種法麵團這樣打」，完成基本發酵好的麵團。

3

麵團完成基本發酵後，分割成 2 等分，每份 450 克。

4

B. 中間發酵

將分割好的麵團折疊第 1 次。

5

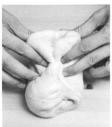

轉 90 度再折疊第 2 次。

6  將麵團由前往後收圓，轉 90 度，再重複 2 ～ 3 次。

11  由上往下將麵皮輕輕捲起，收口朝下。

7  再進行 10 ～ 15 分鐘中間發酵。

12

D. 最後發酵 & 烘烤

將全麥吐司麵團放入吐司模中，進行 40 ～ 60 分鐘的最後發酵。

8

C. 整型

中間發酵完成後，以擀麵棍將麵團擀開呈橢圓形。

13  全麥吐司麵團最後發酵完成（約至模具 8 分滿），入爐前蓋上吐司上蓋。

9  將麵皮翻面，並將上下兩端略微整型，將麵皮整成長方形。

14  確認烤箱已達預熱溫度，入爐烘烤 20 分鐘，將吐司調頭，繼續烘烤 15 ～ 20 分鐘出爐。出爐後重摔一下，側躺脫模後，於置涼架上置涼。

10  下方以手指壓平，以利後續黏合。

愛與恨老師小叮嚀

由於全麥粉的少量麩皮成分會降低麵粉的筋度，所以攪拌麵團的時間要縮短，速度也不要太快，成團之後隨時掌握狀況，否則一不留神，很容易打到斷筋。

除了本篇所應用的湯種法，麥香吐司也適合利用隔夜中種法來操作，歡迎讀者嘗試看看。

活力胚芽吐司

胚芽是小麥生命的根源，也是營養價值
最高的部分，我們在吐司中加入一定比例
的胚芽粉，它含有豐富的維他命E，
淡淡的麥香，搭配少許紅糖，
更能引出它的美味！

TOAST

活力胚芽吐司

材料 （12 兩吐司 ×2 條）

湯種麵團

高筋麵粉	25 克
細砂糖	2 克
沸水	25 克

主麵團

● 乾性材料

高筋麵粉	450 克
熟胚芽粉	50 克
奶粉	15 克
紅糖	60 克
鹽	5 克
速發酵母	6 克

● 濕性材料

冰水	290 克
湯種麵團	50 克

奶油

無鹽奶油	40 克

表面裝飾

全蛋液	適量

烘焙

● 烤層：下層
● 溫度：上火 160°C、下火 200°C

示範影片

1

A. 麵團製作

依 P.23「動手做湯種」備好湯種麵團，取 50 克備用。

2

依 P.32「做出好吐司！湯種法麵團這樣打」，完成基本發酵好的麵團（熟胚芽粉於麵團打至完全擴展階段之後再加入）。

3

麵團完成基本發酵後，分割成 4 等分，每份 230 克。

4

B. 中間發酵

將分割好的麵團折疊第 1 次，轉 90 度再折疊第 2 次。

5

將麵團由前往後收圓，轉 90 度，再一次收圓。

6

折疊、收圓完成的麵團，再進行 10 ～ 15 分鐘中間發酵。

7

C. 整型

中間發酵完成後，以擀麵棍將麵團擀開呈橢圓形，將麵皮翻面，轉 90 度，並將下方以手指壓平，以利後續黏合。

8

由上往下將麵皮輕輕捲起，收口朝下，鬆弛 15 分鐘。

9

鬆弛後將 2 條長條麵團再次搓長。

10

頭部交疊，兩條長條麵團相互交叉直至結束，收口壓入底部。

11

D. 最後發酵 & 烘烤

將胚芽吐司麵團放入吐司模中，進行 40 ～ 60 分鐘的最後發酵。

12

胚芽吐司麵團最後發酵完成（約至模具 8 分滿），入爐前刷上全蛋液。

13

確認烤箱已達預熱溫度，入爐烘烤 20 分鐘至表面上色，關掉上火，將吐司調頭，繼續烘烤 15 ～ 20 分鐘出爐。出爐後重摔一下，側躺脫模後，於置涼架上置涼。

愛與恨老師小叮嚀

❶ 烘焙材料行所購得的胚芽粉是生的，請讀者從冷鍋開火，放入胚芽粉，用小火拌炒至顏色轉為金黃色為止，放涼備用。

❷ 胚芽粉屬於顆粒不溶解的材料，如果在麵團的麵筋尚未形成之前就加入拌打，會影響麵團的筋度形成，一不小心還會造成麵團斷筋，黏糊難以處理。因此，建議讀者將熟胚芽粉於麵團打至完全擴展階段之後再加入。利用搓揉的方式，讓胚芽粉均勻分布，不可搓揉過久。

果香裸麥吐司

裸麥又稱為黑麥，是一種在溫帶
分布很廣的作物，加入裸麥粉的麵團
會有點黏手，因此在吐司的操作過程中，
只要打到擴展階段即可。

果香裸麥吐司

材料 （12 兩吐司 ×2 條）

湯種麵團

高筋麵粉	25 克
細砂糖	2 克
沸水	25 克

主麵團

● 乾性材料

高筋麵粉	400 克
裸麥粉	100 克
奶粉	10 克
紅糖	20 克
鹽	5 克
速發酵母	7 克

● 濕性材料

冰水	325 克
湯種麵團	50 克

奶油

無鹽奶油	20 克

內餡

核桃	50 克
桔子丁	50 克

表面裝飾

高筋麵粉	適量

烘焙

示範影片

● 烤層：下層
● 溫度：上火 160℃、下火 200℃

1

A. 麵團製作

依 P.23「動手做湯種」備好湯種麵團，取 50 克備用。

2

依 P.32「做出好吐司！湯種法麵團這樣打」，完成基本發酵好的麵團。

3

麵團完成基本發酵後，分割成 8 等分，每份 110 克。

4

B. 中間發酵

將分割好的麵團直接滾圓。

5

再進行 10 ～ 15 分鐘中間發酵。

6

C. 整型

中間發酵完成後，以擀麵棍將麵團擀開呈橢圓形。

9

由上往下將麵皮輕輕捲起，收口朝下。

7

將麵皮翻面，並將下方以手指壓平，以利後續黏合。

10

D. 最後發酵 & 烘烤

將裸麥吐司麵團放入吐司模中，進行 40 ～ 60 分鐘的最後發酵，入爐前撒上高粉。

8

將核桃及桔子丁均勻放上，略微按壓讓內餡定位。

11

確認烤箱已達預熱溫度，入爐烘烤 20 分鐘至表面上色，關掉上火，將吐司調頭，繼續烘烤 15 ～ 20 分鐘出爐。出爐後重摔一下，側躺脫模後，於置涼架上置涼。

愛與恨老師小叮嚀 ≲

裸麥粉若不易取得，讀者也可以嘗試使用材料行比較容易購得的「五穀雜糧粉」，吐司會帶有淡淡的麵茶香氣，越吃越順口。